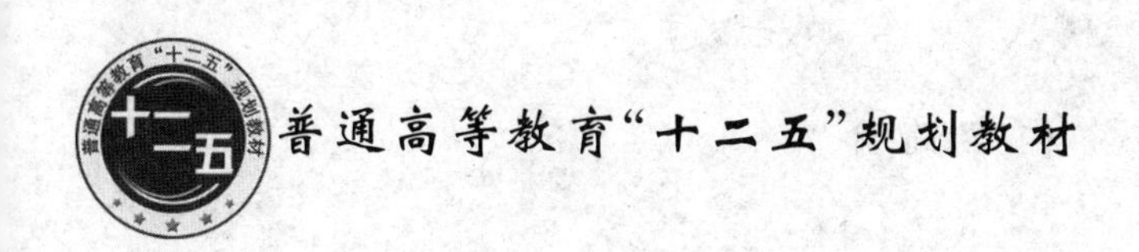
普通高等教育"十二五"规划教材

电路分析实验教程

主　编　王　涛
参　编　刘文博　蔡　宁

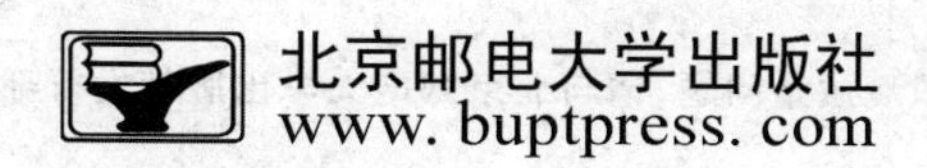
北京邮电大学出版社
www. buptpress. com

内容简介

本书分为5部分。绪论部分主要介绍进行电路实验所必须了解的预备知识;第1章是常用电子仪器仪表的使用,主要介绍了电路分析实验中用到的数字万用表、交流毫伏表、函数信号发生器、示波器等仪器的原理和使用;第2章是常用电子器件的识别与测试,介绍了电阻、电容、电感、二极管和三极管等基本的元器件;第3章是实用电子测量技术,介绍了实验中各种数据的测量方法;第4章是电路基础实验,也是实际的操作部分,介绍了20个具体的实验,通过这部分内容使学生掌握常用的电子仪器仪表的使用以及基本电路的搭建和测量。

本书可作为电气信息类和测控技术与仪器专业"电路分析"课程的实验教材。不同学科专业根据实际情况,可选择不同项目、不同内容的实验。

图书在版编目(CIP)数据

电路分析实验教程 / 王涛主编. --北京 : 北京邮电大学出版社, 2016.1
ISBN 978-7-5635-4394-6

Ⅰ. ①电… Ⅱ. ①王… Ⅲ. ①电路分析-实验-教材 Ⅳ. ①TM133-33

中国版本图书馆 CIP 数据核字(2015)第129423号

书　　名: 电路分析实验教程
著作责任者: 王　涛　主编
责 任 编 辑: 张珊珊
出 版 发 行: 北京邮电大学出版社
社　　址: 北京市海淀区西土城路10号(邮编:100876)
发 行 部: 电话:010-62282185　传真:010-62283578
E-mail: publish@bupt.edu.cn
经　　销: 各地新华书店
印　　刷: 北京通州皇家印刷厂
开　　本: 787 mm×1 092 mm　1/16
印　　张: 8.5
字　　数: 216千字
版　　次: 2016年1月第1版　2016年1月第1次印刷

ISBN 978-7-5635-4394-6　　定　价: 19.00元

· 如有印装质量问题,请与北京邮电大学出版社发行部联系 ·

前　言

电路分析是实践性很强的专业基础课，实验占有重要的地位。通过实验，学生能够验证和巩固所学的理论知识，提高动手能力，并培养严谨的科学作风。

本书分为5部分。绪论部分主要介绍进行电路实验所必须了解的预备知识；第1章是常用电子仪器仪表的使用，主要介绍了电路分析实验中用到的数字万用表、交流毫伏表、函数信号发生器、示波器等仪器的原理和使用；第2章是常用电子器件的识别与测试，介绍了电阻、电容、电感、二极管和三极管等基本的元器件；第3章是实用电子测量技术，介绍了实验中各种数据的测量方法；第4章是电路基础实验，也是实际的操作部分，介绍了20个具体的实验，通过这部分内容使学生掌握常用的电子仪器仪表的使用以及基本电路的搭建和测量。

本书可作为电气信息类和测控技术与仪器专业“电路分析”课程的实验教材。不同学科专业根据实际情况，可选择不同项目、不同内容的实验。

本书由王涛任主编，负责全书的编写和定稿，刘文博和蔡宁负责对全书进行整理和校对。在教材的编写过程中，得到了西北民族大学电气工程学院各位老师的支持，在此一并表示衷心的感谢。

由于作者水平有限，书中不当之处望广大读者批评指正。

编　者

目　　录

绪　　论 …… 1

0.1　实验的意义与方法 …… 1
0.2　实验的基本要求 …… 2

第1章　常用电子仪器仪表的使用 …… 7

1.1　数字万用表 …… 7
1.2　交流毫伏表 …… 10
1.3　函数信号发生器/计数器 …… 13
1.4　模拟示波器 …… 21
1.5　数字示波器 …… 29
1.6　直流稳定电源 …… 45

第2章　常用电子器件的识别与测试 …… 49

2.1　电阻器 …… 49
2.2　电容器 …… 51
2.3　电感器 …… 57
2.4　二极管 …… 63
2.5　三极管 …… 65

第3章　实用电子测量技术 …… 68

3.1　电子测量技术 …… 68
3.2　电压的测量 …… 69
3.3　电流测量 …… 71

第4章　电路基础实验 …… 73

实验一　电工实验装置和万用表的使用 …… 73
实验二　电路元件伏安特性的测定 …… 75
实验三　基尔霍夫定律和叠加原理的验证 …… 79

实验四　电压源与电流源的等效变换 …… 83
实验五　受控源 VCVS、VCCS、CCVS、CCCS 的研究 …… 86
实验六　戴维南定理和诺顿定理的验证 …… 89
实验七　典型电信号的观察与测量 …… 93
实验八　一阶电路过渡过程的研究 …… 95
实验九　*RLC* 二阶串联电路暂态响应 …… 98
实验十　交流电桥测参数 …… 100
实验十一　回转器的应用 …… 101
实验十二　二端口网络测试 …… 105
实验十三　日光灯电路及功率因数的提高 …… 108
实验十四　交流电路参数的测定 …… 112
实验十五　*RLC* 串联谐振电路的研究 …… 114
实验十六　互感电路的研究 …… 116
实验十七　*RC* 选频网络特性测试 …… 120
实验十八　一阶电路过渡过程的研究 …… 122
实验十九　三相电路功率的测量 …… 125
实验二十　负阻抗变换器的应用 …… 127

参考文献 …… 130

绪　论

0.1　实验的意义与方法

0.1.1　实验的重要意义

实验工作在科学发展的过程中起着重大的作用，它不仅仅是验证理论的客观标准，还常常是新发明和新发现的线索或依据。1820 年，奥斯特在一项实验中观察到放置在通有电流的导线周围的磁针会受力偏转，他由此认识到电流能产生磁场。从此使原来分立的电与磁的研究结合起来，开拓了电磁学这一新领域。1873 年，麦克斯韦建立了完整的电磁场方程(即麦克斯韦方程组)，预言了电磁波，并提出光的本质也是电磁波的论点。1887 年，赫兹做了电磁波产生、传播和接收的实验，这项实验的成功不仅为无线电通讯创造了条件，还从电磁波传播规律上确认了它和光波一样具有反射、折射和偏振的特性，终于证实了麦克斯韦的论点。在门捷列夫之前，化学已有相当的发展，从大量实验中对已发现的化学元素(如氢、氧、钾、钠等)都有了一定认识，确定了这些元素各自具有的化学性质。但是，这种认识是孤立的，只是肯定了各元素的个性。门捷列夫整理了前人的大量实验结果，研究诸元素之间性质上的联系，终于发现了元素周期律，并预言了一些当时尚未发现的元素的存在和它们应有的性质。他的这些预言后来都被实验所证实，元素周期律大大推进了化学理论的进展。

传统的教学体制以理论教学为主，20 世纪末，尤其是进入 21 世纪后，随着社会经济体制的转变和社会对人才培养需求的变化，国家先后颁布了相关文件，加大对教育的投入幅度，实验室建设规模空前扩大。教育界普遍认为，应把实践教学环节提高到与理论教学同等重要的地位，使得承前启后的实践教学与理论教学有机地紧密结合在一起，使学生通过实践教学过程的训练，深化对基础理论的认识，同时加强培养学生的动手操作能力、实践创新能力和科研创新能力，从而培养出适合社会需要的优秀人才。

0.1.2　实验方法

实验在科学技术工作中所具有的重要意义是很明显的。然而要做好实验工作，还需要注意以下几个方面的问题。

一般讲，一次完整的实验应包括定性与定量两方面的工作。做实验首先要强调观察，集中精力于研究对象，观察它的现象、它对某些影响因素的响应、它的变化规律和性质等，这些属于定性；对研究对象本身的量值、它响应外部条件而变化的程度以及做数量上的测量和分析，这些属于定量。定性是定量的基础，定量是定性的深化，二者互为补充。

在完成定性观察和定量测量取得实验数据之后，实验工作并未结束。实验工作的重要一环是对数据资料进行认真的整理与分析，去粗取精，去伪存真，由此及彼，由表及里，以求对实验的现象和结果得出正确的理解和认识。

0.1.3 实验的目的

对于学校教学计划中安排的实验，因其内容是成熟的，目的是明确的，结果是预知的，又有教师的指导，所以任务是不难完成的。但是，为了使学生较为系统地获得有关实验的理论知识和有重点地培养有关实验的基本技能，实验课的设置又是必不可少的。我们的目的不是要学生完成多少个实验，而是希望学生在完成实验的过程中，在知识的增长和能力的培养上有最多的收获。

基于上述原因，在本书的实验中，有些是基础实验，有些则是综合实验，同时也编写了实验所需的基本理论知识。在教学过程中，可根据教学情况进行选择。

0.2 实验的基本要求

0.2.1 实验目的

电类课程是一本实践性很强的技术基础课，实验是课程不可缺少的重要教学环节。要求学生在实验前认真做好预习；实验中大胆细心地进行实验操作，正确连线，读取实验数据，并注意人身和设备的安全；实验后要按要求编写实验报告。

通过实验课学生应在实验技能方面达到以下要求：

(1) 会正确使用常用的电工仪表、电子仪器，掌握基本的电工测试技术；

(2) 按实验要求独立进行实验操作；

(3) 能正确读取实验数据，描绘波形曲线，分析实验结果，按要求编写实验报告；

(4) 掌握实验误差分析和数据处理方法；

(5) 学生具有初步电路实验线路设计、实验仪器仪表选择和仪表量程选择的能力；

(6) 有安全用电的基本常识。

0.2.2 实验的要求

1. 实验前的准备工作

学生在每次实验前，必须认真预习。预习情况要通过教师检查，达不到要求的不准做实验。

(1) 认真阅读实验指导书，明确实验目的和实验要求，复习有关理论，搞清楚实验原理；

(2) 熟悉完成实验的方法和步骤，设计好实验数据记录表格；

(3) 理解并记住实验指导书中的注意事项；

(4) 查看附录有关内容，掌握实验仪表的正确使用方法；

(5) 完成预习报告。

2. 实验过程中的工作

(1) 接线前，首先了解各种仪器设备和元器件的额定值、使用方法。

(2) 实验中用到的仪器、仪表和电路元器件等连线要可靠、清晰，保证仪器仪表调节或读数方便，布局合理。

(3) 电路连线可按先串联后并联的原则，先连无源电路，后连有源电路，两者之间应串联控制开关。连线时应将所有电源开关断开，并将可调设备的旋钮、手柄置于安全位置。连好线要仔细检查无误后才能接通电源。初合开关时要注意观察各仪表的偏转是否正常。

(4) 实验进行中要大胆细心，认真观察现象，仔细读取数据，随时分析实验结果是否合理。如发现异常现象，应及时查找原因并进行处理。

(5) 改接电路时要先切断电源，再拆线、连线，不要带电操作，注意安全。

(6) 实验完毕时，先切断电源，然后分析实验数据、核对结果，确定实验结果无问题，让老师签字后，再进行拆线，整理好连线并将仪器设备归位后方可离开。

3. 实验后的整理工作

整理工作主要是编写实验报告，这不仅是实验的总结，也是工程技术报告的模拟训练，应按照要求认真完成。

基础实验报告包括预习情况、实验情况两部分。实验结束时，应按要求完成。

实验情况主要包括：

(1) 实验名称；

(2) 实验目的；

(3) 实验原理图；

(4) 主要实验仪器设备；

(5) 数据处理：包括实验数据及计算结果的整理、分析，误差原因的估计、分析等；

(6) 实验中出现的问题、现象及事故的分析，实验的收获及心得体会等，并回答预习思考题。

0.2.3　实验设计方法

实验设计是指给定某个实验题目和要求，确定实验方案，组合实验仪器设备进行实验并解决实验中遇到的各种问题。

1. 实验方案的确定

根据实验题目、任务、要求，选择可行的实验方案，不仅要考虑可靠的理论依据，还要考虑有无实现的可能。实验方案能否正确地确定，是实验设计成败的关键。

确定实验方案要做的工作如下。

(1) 实验原理的研究。包括与实验题目有关的理论知识的掌握和了解，实验电路、实验方法的选择等。

(2) 元器件与仪器设备的选择。包括元器件参数的确定、仪器仪表的选择等。

(3) 实验条件的确定。包括信号源电压、频率的选择,测量范围的确定等。

2. 实验方案的实施

实验方案确定后,通过实验不仅可以检验方案是否正确,而且也是对实验能力的考核。实验时可能出现如下情况。

(1) 得不到预期的实验结果。这时需要检查电路、仪器设备、实验方法、实验条件等,如果这些都没有问题则需要检查实验方案,必要时要对实验方案进行修改或重新制订实验方案。

(2) 出现与理论不一致的情况。这时需要观察实验现象,分析数据并找出原因。

(3) 误差偏大。这时需要分析产生误差的原因,找出减小误差的方法。

3. 实验结果的分析

实验结果分析主要包括:实验结果的理论分析、实验的误差分析、实验方案的评价与修改、解决实际问题的体会等。

实验设计是对实验能力、独立工作能力的综合锻炼,也是理论与实践结合能力的检验。要较好地完成实验设计,必须要有坚实的理论基础,有一定的实验技能和实践经验,并且要有认真细致的作风和对工作高度负责的责任感。

0.2.4 注意事项

1. 注意人身和设备安全

(1) 不得擅自接通电源。

(2) 不触摸带电体,严格遵守"先接线后通电,先断电后拆线"的操作程序。

(3) 发现异常现象(如声响、发热、焦臭味等)应立即切断电源,保持现场,报告指导老师。

(4) 注意仪器设备的规格,量程和实用方法,做到不了解性能、用法的仪器,不盲目使用。

(5) 搬动仪器设备时,必须轻拿轻放,并保持设备表面的清洁。

2. 线路连接

在连接线路时应注意以下几个方面。

(1) 在熟悉并掌握各设备正确使用的基础上注意设备的容量、参数要适当,工作电压、电流不能超过额定值;仪表种类、量程、准确度等级要合适。

(2) 合理布局,按照拟定的实验线路,桌面上合理放置仪器设备。布局的原则是安全、方便、整齐,避免互相影响。

(3) 正确连线的方法:

① 先弄清楚电路图上的节点与实验电路元器件的接头的对应关系;

② 根据电路图的结构特点,选择合理的接线步骤,一般是"先串后并"、"先分后合"或"先主后辅";

③ 养成良好的接线习惯,走线要合理,导线的长短、粗细要适当,防止连线短路;接线片不宜过多地集中在某一点上,每个接线柱原则上不要多于 2 个接线片,尤其是电表接头尽量不要接 2 根导线,并且接线的松紧要适当;

④ 调节时要仔细认真,实验时一般需要调节的内容有:电路参数要调到实验所需值,分压器、调压器等可调设备的起始位置要放在最安全处,仪表要调零。

3. 操作、观察、读取和记录数据

操作、观察、读取和记录数据时要注意：

(1) 操作前应做到心中有数，目的明确；

(2) 操作时应手合电源，眼观全局，先看现象，后读数据；

(3) 读取数据时要弄清仪表量程及刻度，读数时要求"眼、针、影成一线"，以便得到较准确的读数。

4. 图表、曲线的描绘

实验报告中的所有图表、曲线均按工程图要求绘制，波形、曲线一律画在坐标纸上，并且比例要适当，坐标轴应注意物理量的单位和符号，标明比例和波形、曲线的名称；做曲线时要用曲线板绘制，以求曲线平滑。

0.2.5 常用故障及查找方法

实验中常用会遇到由于断线、接错线、接触不良、元器件损耗等造成的故障，使电路不能正常工作，严重时会损坏仪器设备，甚至危及人身安全，因此，应及时查找，排除故障。

排除故障是锻炼实际工作能力的一个重要途径，需具备一定的理论基础和熟练的实验技能及丰富的实践经验。

1. 排除故障的一般原则

(1) 出现故障应立即切断电源，避免故障扩大。

(2) 根据故障现象判断故障性质。实验故障大致可分为两类：一类属破坏性故障，可使仪器、设备、元器件等造成损坏；另一类属非破坏性故障，其现象是无电流、无电压，或者电压、电流值不正常，波形不正常。

(3) 根据故障的性质确定故障检查方法。对破坏性故障，不能采用通电检查的方法，应先切断电源检查有无短路、断路或阻值不正常等。对非破坏性故障，可采用断电检查，也可采用通电检查，还可采用两者结合的方法。

(4) 进行检查时，首先应对电路各部分的正常电压、电流、电阻值等心中有数，然后才能用仪表进行检查，逐步缩小故障区域，直到找出故障点。

2. 实验故障产生的原因

(1) 电路连接点接触不良，导线内部断线；

(2) 元器件、导线裸露部分相碰造成短路；

(3) 电路连线错误；

(4) 测试条件错误；

(5) 元件参数不适当；

(6) 仪器或元件损坏。

3. 检查故障的常用方法

(1) 电阻法：若电路出现严重短路或其他可能损坏设备的故障时，首先应立即切断电源，然后用万用表电阻挡检查不该连通的支路是否连通、元件是否良好。最后找到故障点给予排除。

(2) 电压法:若电路故障不是上述情况,可通电用电压表测量可能产生故障部分的电压,根据电压的大小和有无判断电路是否正常。

(3) 信号循迹法:用示波器观察电路的电压和电流波形中幅值大小变化、波形形状、频率高低及各波形之间的关系,分析、判断电路中的故障点。

第1章 常用电子仪器仪表的使用

1.1 数字万用表

1.1.1 数字万用表的结构和工作原理

数字万用表主要由液晶显示屏、模拟(A)/数字(D)转换器、电子计数器、转换开关等组成。其测量过程如图 1-1-1 所示。

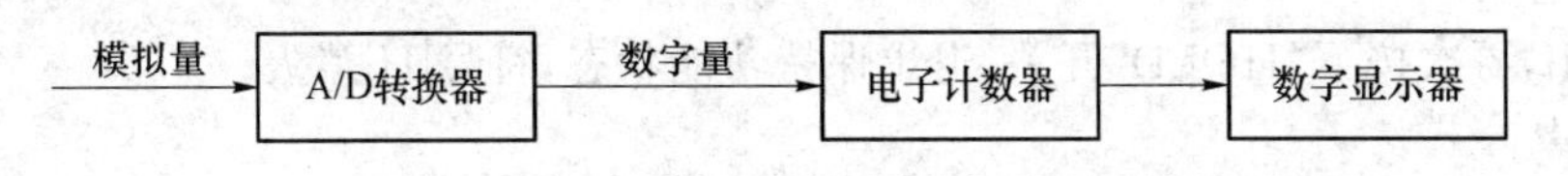

图 1-1-1 数字式万用表测量过程图

被测模拟量先由 A/D 转换器转换成数字量,然后通过电子计数器计数,最后把测量结果用数字直接显示在显示屏上。可见,数字万用表的核心部件是 A/D 转换器。目前,教学、科研领域使用的数字万用表大都以 ICL7106、7107 大规模集成电路为主芯片。该芯片内部包含双斜积分 A/D 转换器、显示锁存器、七段译码器、显示驱动器等。双斜积分 A/D 转换器的基本工作原理是在一个测量周期内用同一个积分器进行两次积分,将被测电压 U_X 转换成与其成正比的时间间隔,在此间隔内填充标准频率的时钟脉冲,用仪器记录的脉冲个数来反映 U_X 的值。

1.1.2 VC98 系列数字万用表操作面板简介

VC98 系列数字万用表具有 $3\frac{1}{2}$(1999)位自动极性显示功能。该表以双斜积分 A/D 转换器为核心,采用 26 mm 字高液晶(LCD)显示屏,可用来测量交直流电压和电流、电阻、电容、二极管、三极管、通断测试、温度及频率等参数。图 1-1-2 为其操作面板。

(1) LCD 液晶显示屏:显示仪表测量的数值及单位。

(2) POWER(电源)开关:用于开启、关闭万用表电源。

(3) B/L(背光)开关:开启及关闭背光灯。按下“B/L”开关,背光灯亮,再次按下,背光取消。

(4) 旋钮开关:用于选择测量功能及量程。

(5) C_X(电容)测量插孔:用于放置被测电容。

(6) 20 A 电流测量插孔:当被测电流大于 200 mA 而小于 20 A 时,应将红表笔插入此孔。

(7) 小于 200 mA 电流测量插孔:当被测电流小于 200 mA 时,应将红表笔插入此孔。

(8) COM(公共地):测量时插入黑表笔。

(9) V(电压)/Ω(电阻)测量插孔:测量电压/电阻时插入红表笔。

(10) 刻度盘:共 8 个测量功能。"Ω"为电阻测量功能,有 7 个量程挡位;"DCV"为直流电压测量功能,"ACV"为交流电压测量功能,各有 5 个量程挡位;"DCA"为直流电流测量功能,"ACA"为交流电流测量功能,各有 6 个量程挡位;"F"为电容测量功能,有 6 个量程挡位;"hFE"为三极管 hFE 值测量功能;"⊳|·))"为二极管及通断测试功能,测试二极管时,近似显示二极管的正向压降值,导通电阻＜70 Ω 时,内置蜂鸣器响。

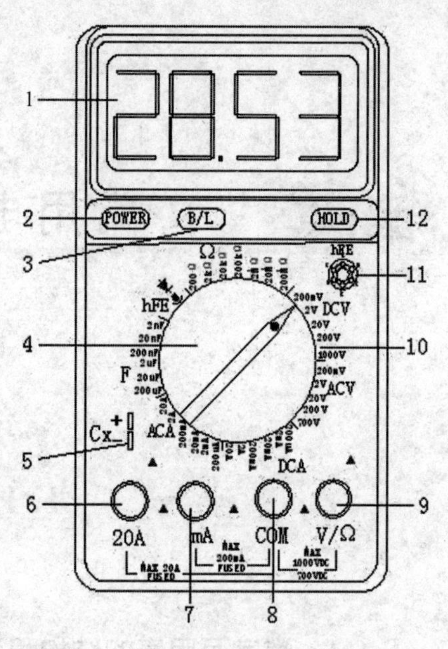

图 1-1-2　VC98 系列数字万用表操作面板

(11) hFE 测试插孔:用于放置被测三极管,以测量其 hFE 值。

(12) HOLD(保持)开关:按下"HOLD"开关,当前所测量数据被保持在液晶显示屏上并出现符号[H],再次按下"HOLD"开关,退出保持功能状态,符号[H]消失。

1.1.3　VC98 系列数字万用表的使用方法

1. 直流电压的测量

(1) 黑表笔插入"COM"插孔,红表笔插入"V/Ω"插孔。

(2) 将旋钮开关转至"DCV"(直流电压)相应的量程挡。

(3) 将表笔跨接在被测电路上,其电压值和红表笔所接点电压的极性将显示在显示屏上。

2. 交流电压的测量

(1) 黑表笔插入"COM"插孔,红表笔插入"V/Ω"插孔。

(2) 将旋钮开关转至"ACV"(交流电压)相应的量程挡。

(3) 将测试表笔跨接在被测电路上,被测电压值将显示在显示屏上。

3. 直流电流的测量

(1) 黑表笔插入"COM"插孔,红表笔插入"200 mA"或"20 A"插孔。

(2) 将旋钮开关转至"DCA"(直流电流)相应的量程挡。

(3) 将仪表串接在被测电路中,被测电流值及红表笔点的电流极性将显示在显示屏上。

4. 交流电流的测量

(1) 黑表笔插入"COM"插孔,红表笔插入"200 mA"或"20 A"插孔。

(2) 将旋钮开关转至"ACA"(交流电流)相应的量程挡。

(3) 将仪表串接在被测电路中,被测电流值将显示在显示屏上。

5. 电阻的测量

(1) 黑表笔插入“COM”插孔，红表笔插入“V/Ω”插孔。

(2) 将旋钮开关转至“Ω”(电阻)相应的量程挡。

(3) 将测试表笔跨接在被测电阻上，被测电阻值将显示在显示屏上。

6. 电容的测量

将旋钮开关转至“F”(电容)相应的量程挡，被测电容插入 C_X(电容)插孔，其值将显示在显示屏上。

7. 三极管 hFE 的测量

(1) 将旋钮开关置于 hFE 挡。

(2) 根据被测三极管的类型(NPN 或 PNP)，将发射极 e、基极 b、集电极 c 分别插入相应的插孔，被测三极管的 hFE 值将显示在显示屏上。

8. 二极管及通断测试

(1) 红表笔插入“V/Ω”孔(注意：数字万用表红表笔为表内电池正极；指针万用表则相反，红表笔为表内电池负极)，黑表笔插入“COM”孔。

(2) 旋钮开关置于“→|- ·))”(二极管/蜂鸣)符号挡，红表笔接二极管正极，黑表笔接二极管负极，显示值为二极管正向压降的近似值(0.55～0.70 V 为硅管；0.15～0.30 V 为锗管)。

(3) 测量二极管正、反向压降时，若只有最高位均显示“1”(超量限)，则二极管开路；若正、反向压降均显示“0”，则二极管击穿或短路。

(4) 将表笔连接到被测电路两点，如果内置蜂鸣器发声，则两点之间电阻值低于 70 Ω，电路通，否则电路为断路。

1.1.4　VC9801A⁺数字式万用表使用注意事项

(1) 测量电压时，输入直流电压切勿超过 1 000 V，交流电压有效值切勿超过 700 V。

(2) 测量电流时，切勿输入超过 20 A 的电流。

(3) 被测直流电压高于 36 V 或交流电压有效值高于 25 V 时，应仔细检查表笔是否可靠接触、连接是否正确、绝缘是否良好等，以防电击。

(4) 测量时应选择正确的功能和量程，谨防误操作；切换功能和量程时，表笔应离开测试点；显示值的“单位”与相应量程挡的“单位”一致。

(5) 若测量前不知被测量的范围，应先将量程开关置到最高挡，再根据显示值调到合适的挡位。

(6) 测量时若只有最高位显示“1”或“−1”，表示被测量超过了量程范围，应将量程开关转至较高的挡位。

(7) 在线测量电阻时，应确认被测电路所有电源已关断且所有电容都已完全放完电时，方可进行测量，即不能带电测电阻。

(8) 用“200 Ω”量程时，应先将表笔短路测引线电阻，然后在实测值中减去所测的引线电阻；用“200 MΩ”量程时，将表笔短路仪表将显示 1.0 MΩ，属正常现象，不影响测量精度，实测时应减去该值。

(9) 测电容前,应对被测电容进行充分放电;用大电容挡测漏电或击穿电容时读数将不稳定;测电解电容时,应注意正、负极,切勿插错。

(10) 显示屏显示[电池]符号时,应及时更换 9 V 碱性电池,以减小测量误差。

思考与练习

1. 简述 VC98 系列数字万用表操作面板上各开关和插孔的作用。

2. 用万用表“→|·))”挡对二极管进行正、反向测试时,其显示值是什么?用“Ω”挡对二极管进行正、反向测试时,其显示值又是什么?

3. 能否用万用表测量频率为 10 kHz 的正弦信号的有效值?

4. 使用 VC98 系列万用表应主要哪些事项?

1.2 交流毫伏表

交流毫伏表是电工、电子实验中用来测量交流电压有效值的常用电子测量仪器。其优点是:测量电压范围广、频率宽、输入阻抗高、灵敏度高等。交流毫伏表种类很多,现以 AS2294D 型交流毫伏表为例介绍其结构特点、测量方法及使用注意事项等。

1.2.1 AS2294D 型交流毫伏表的结构特点及面板介绍

AS2294D 型双通道交流毫伏表由两组性能相同的集成电路及晶体管放大电路和表头指示电路组成,如图 1-2-1 所示。

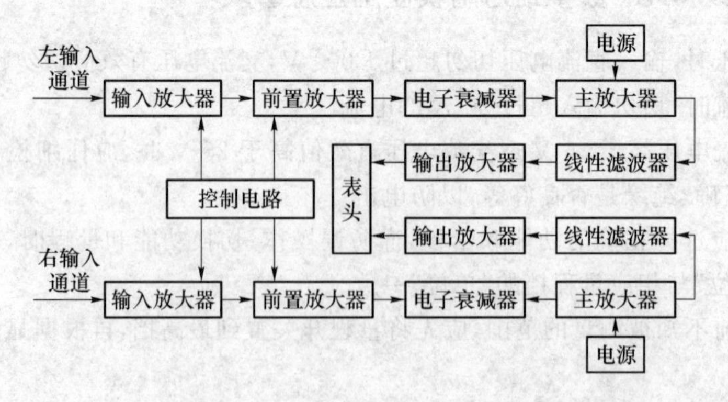

图 1-2-1 AS2294D 型双通道交流毫伏表组成及工作原理图

其表头采用同轴双指针式电表,可进行双路交流电压的同时测量和比较,“同步/异步”操作给立体声双通道测量带来方便。该表测量电压范围为 30 μV~300 V 共 13 挡;测量电压频率范围 5 Hz~2 MHz;测量电平范围 −90~+50 dBV 和 −90~+52 dBm。

AS2294D 型双通道交流毫伏表前后面板如图 1-2-2 所示。

(1) 左通道(L IN)输入插座:输入被测交流电压。

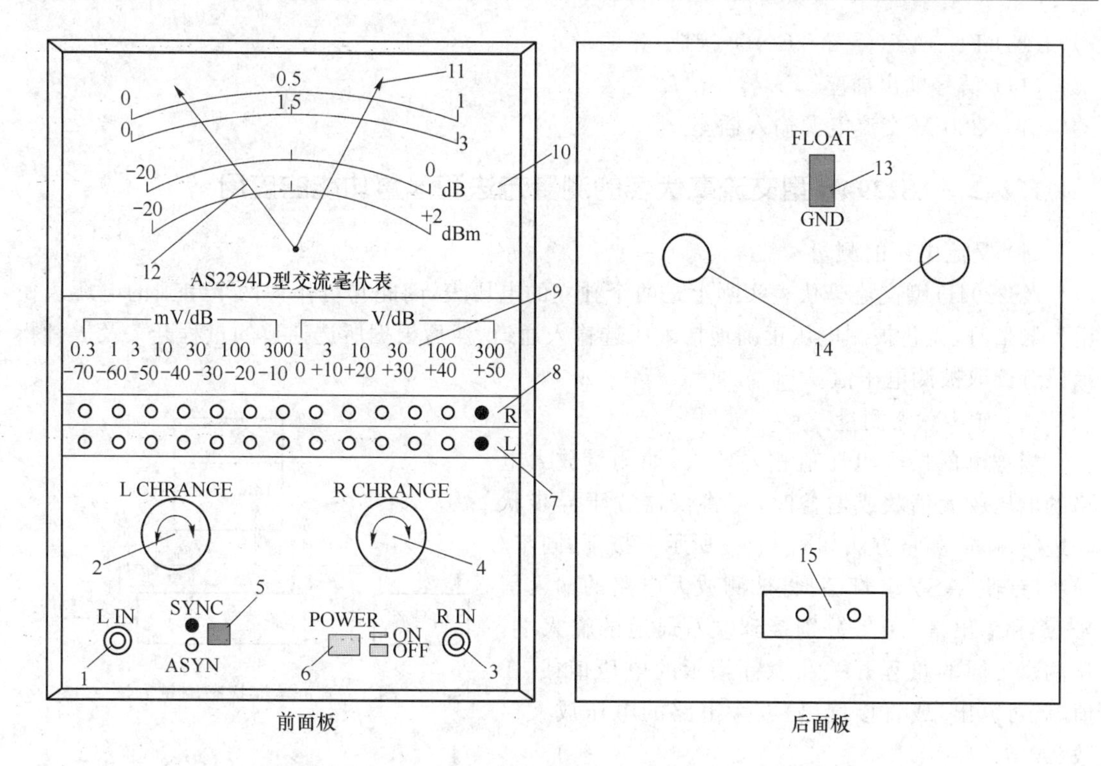

图 1-2-2　AS2294D 型双通道交流毫伏表前后面板图

(2) 左通道(L CHRANGE)量程调节旋钮(灰色)。

(3) 右通道(R IN)输入插座:输入被测交流电压。

(4) 右通道(R CHRANGE)量程调节旋钮(橘红色)。

(5) "同步/异步"按键:"SYNC"即橘红色灯亮,左右量程调节旋钮进入同步调整状态,旋转两个量程调节旋钮中的任意一个,另一个的量程也跟随同步改变;"ASYN"即绿灯亮,量程调节旋钮进入异步状态,转动量程调节旋钮,只改变相应通道的量程。

(6) 电源开关:按下,仪器电源接通(ON);弹起,仪器电源被切断(OFF)。

(7) 左通道(L)量程指示灯(绿色):绿色指示灯所亮位置对应的量程为该通道当前所选量程。

(8) 右通道(R)量程指示灯(橘红色):橘红色指示灯所亮位置对应的量程为该通道当前所选量程。

(9) 电压/电平量程挡:共 13 挡,分别是:0.3 mV/－70 dB、1 mV/－60 dB、3 mV/－50 dB、10 mV/－40 dB、30 mV/－30 dB、100 mV/－20 dB、300 mV/－10 dB、1 V/0 dB、3 V/＋10 dB、10 V/＋20 dB、30 V/＋30 dB、100 V/＋40 dB、300 V/＋50 dB。

(10) 表刻度盘:共 4 条刻度线,由上到下分别是 0～1、0～3、－20～0 dB、－20～＋2 dBm。测量电压时,若所选量程是 10 的倍数,读数看 0～1 即第一条刻度线;若所选量程是 3 的倍数,读数看 0～3 即第二条刻度线。当前所选量程均指指针从 0 达到满刻度时的电压值,具体每一大格及每一小格所代表的电压值应根据所选量程确定。

(11) 红色指针:指示右通道(R IN)输入交流电压的有效值。

(12) 黑色指针:指示左通道(R IN)输入交流电压的有效值。

(13) FLOAT(浮置)/GND(接地)开关。

(14) 信号输出插座。

(15) 220 V 交流电源输入插座。

1.2.2 AS2294D 型交流毫伏表的测量方法和浮置功能的应用

(1) 交流电压的测量

AS2294D 型交流毫伏表实际上是两个独立的电压表,因此它可作为两个单独的电压表使用。测量时,先将被测电压正确地接入所选输入通道,然后根据所选通道的量程开关及表针指示位置读取被测电压值。

(2) 异步状态测量

当被测的两个电压值相差较大,如测量放大电路的电压放大倍数或增益时,可将仪器置于异步状态进行测量,测量方法如图 1-2-3 所示。按下“同步/异步”键使“ASYN”灯亮,将被测放大电路的输入信号 U_i 和输出信号 U_o 分别接到左右通道的输入端,从两个不同的量程开关和表针指示的电压值或 dB 值,就可算出(或直接读出)放大电路的电压放大倍数(或增益)。

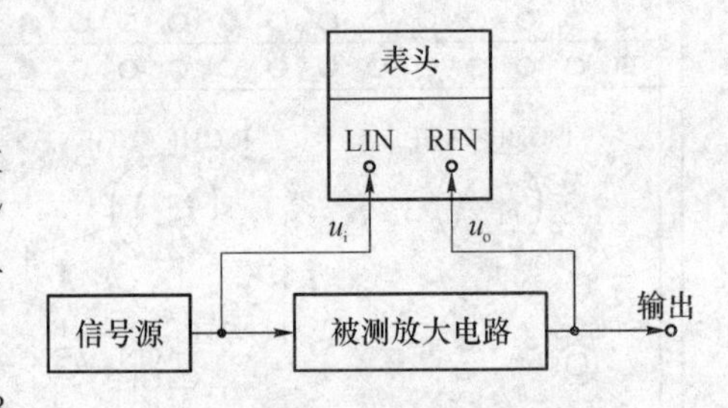

图 1-2-3 异步状态测量方法

如输入左(L IN)通道的指示值 U_i=10 mV(−40 dB),输出右(R IN)通道的指示值 U_o=0.5 V(−6 dB),则电压放大倍数 $\beta=U_o(0.5\times10^3\ \text{mV})/U_i(10\ \text{mV})=50$ 倍;直接读取的电压增益 dB 值为:−6 dB−(−40 dB)=34 dB。

(3) 同步状态测量

同步状态测量适合于测量立体声录放磁头的灵敏度、录放前置均衡电路及功率放大电路等。由于两路电压表的性能、量程相同,因此可直接读出两个被测声道的不平衡度。测量方法如图 1-2-4 所示。将“同步/异步”键置于同步状态即“SYNC”灯亮,分别接入 L、R 立体声的左右放大器,如性能相同(平衡),红黑表针应重合,如不重合,则可读出不平衡度的 dB 值。

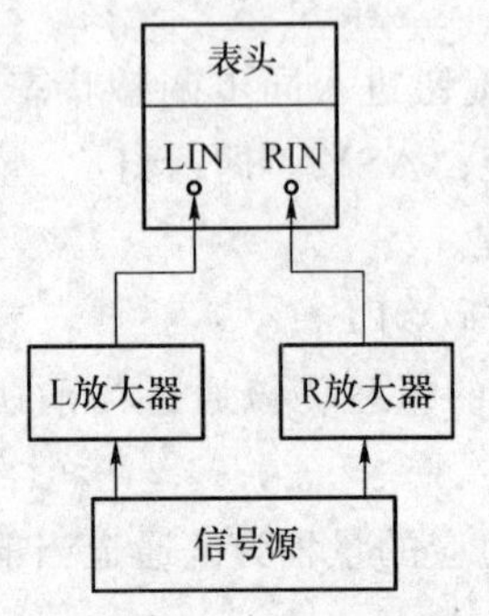

图 1-2-4 同步状态测量方法

(4) 浮置功能的应用

① 在测量差动放大电路双端输出电压时,电路的两个输出端都不能接地,否则会引起测量结果不准,此时可将后面板上的浮置/接地开关上扳,采用浮置方式测量。

② 某些需要防止地线干扰的放大器或带有直流电压输出的端子及元器件两端电压的在线测量等均可采用浮置方式测量以免公共接地带来的干扰或短路。

③ 在音频信号传输中,有时需要平衡传输,此时测量其电平时,应采用浮置方式测量。

1.2.3 AS2294D 型交流毫伏表使用注意事项

(1) 测量时仪器应垂直放置即仪器表面应垂直于桌面。

(2) 所测交流电压中的直流分量不得大于 100 V。

(3) 测量 30 V 以上电压时，应注意安全。

(4) 接通电源及转换量程开关时，由于电容放电过程，指针有晃动现象，待指针稳定后方可读数。

(5) 测量时应根据被测量大小选择合适的量程，一般应取被测量的 1.2～2 倍即使指针偏转 1/2 以上。在无法预知被测量大小的情况下先用大量程挡，然后逐渐减小量程至合适挡位。

(6) 毫伏表属不平衡式仪表且灵敏度很高，测量时黑夹子必须牢固接被测电路的“公共地”，与其他仪器连用时还应正确“共地”，红夹子接测试点。接拆电路时注意顺序，测试时先接黑夹子，后接红夹子，测量完毕，应先拆红夹子，后拆黑夹子。

(7) 仪器应避免剧烈振动，周围不应有高热及强磁场干扰。

(8) 仪器面板上的开关不应剧烈、频繁扳动，以免造成人为损坏。

思考与练习

1. 举例说明怎样读取毫伏表刻度盘上指示的电压值。
2. 试述交流毫伏表“浮置”功能的应用。
3. 总结交流毫伏表在使用时应注意的问题。

1.3　函数信号发生器/计数器

函数信号发生器是用来产生不同形状、不同频率波形的仪器。实验中常用作信号源，信号的波形、频率和幅度等可通过开关和旋钮进行调节。函数信号发生器有模拟式和数字式两种。

1.3.1　SP1641B 型函数信号发生器/计数器

1. SP1641B 型函数信号发生器/计数器的组成和工作原理

SP1641B 型函数信号发生器/计数器属模拟式，它不仅能输出正弦波、三角波、方波等基本波形，还能输出锯齿波、脉冲波等多种非对称波形，同时对各种波形均可实现扫描功能。此外，还具有点频正弦信号、TTL 电平信号及 CMOS 电平信号输出和外测频功能等。整机组成及原理电路框图如图 1-3-1 所示。

整机电路由一片单片机 CPU 进行管理，其主要任务是：控制函数信号发生器产生的频率；控制输出信号的波形；测量输出信号或外部输入信号的频率并显示；测量输出信号的幅度并显示。单片专用集成电路 MAX038 的使用，确保了能够产生多种函数信号。扫描电路由多片运算放大器组成，以满足扫描宽度、扫描速率的需要。宽频带直流功放电路确保了函数信号发生器的带负载能力。

2. SP1641B 型函数信号发生器/计数器操作面板简介

SP1641B 型函数信号发生器/计数器前操作面板如图 1-3-2 所示。

(1) 频率显示窗口：显示输出信号或外测频信号的频率，单位由窗口右侧所亮的指示灯确定，为“kHz”或“Hz”。

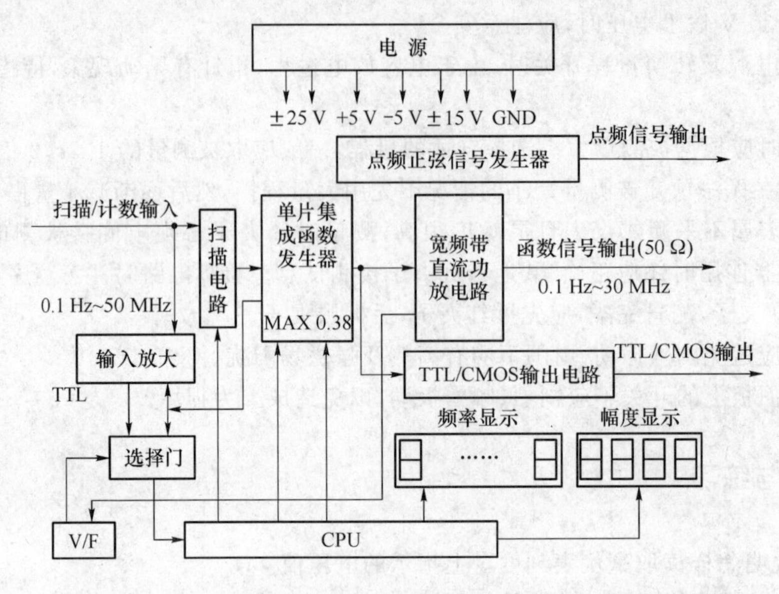

图 1-3-1　SP1641B 型函数信号发生器/计数器组成及原理电路框图

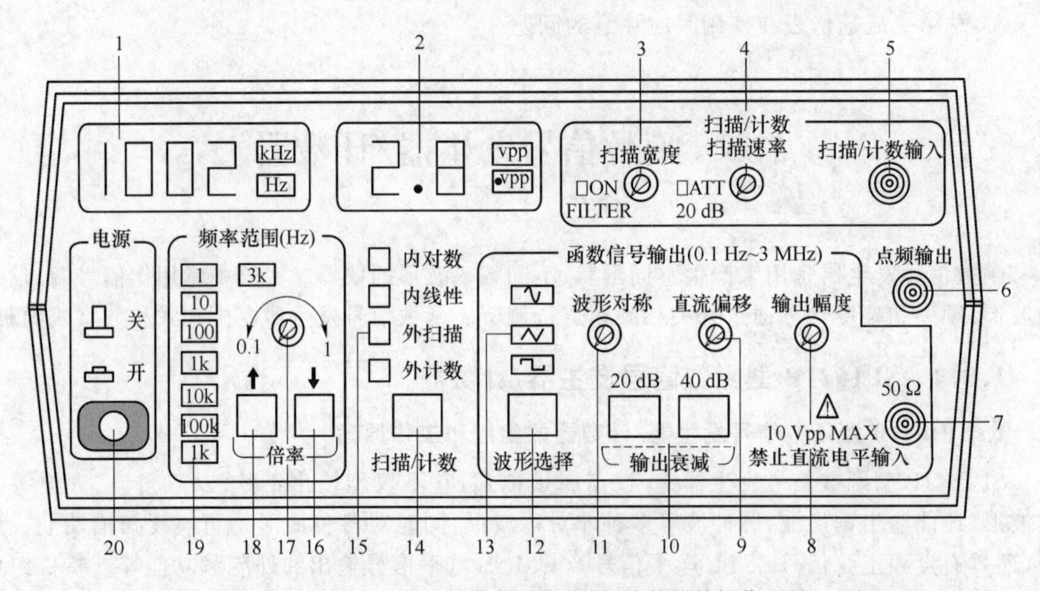

图 1-3-2　SP1641B 型函数信号发生器/计数器前操作面板

(2) 幅度显示窗口：显示输出信号的幅度，单位由窗口右侧所亮的指示灯确定，为“V_{PP}”或“mV_{PP}”。

(3) 扫描宽度调节旋钮：调节扫频输出的频率范围。在外测频时，逆时针旋到底(绿灯亮)，为外输入测量信号经过低通开关进入测量系统。

(4) 扫描速率调节旋钮：调节内扫描的时间长短。在外测频时，逆时针旋到底(绿灯亮)，为外输入测量信号经过“20 dB”衰减进入测量系统。

(5) 扫描/计数输入插座：当“扫描/计数”键功能选择在外扫描或外计数功能时，外扫描控制信号或外测频信号将由此端口输入。

(6) 点频输出端：输出 100 Hz、$2V_{PP}$的标准正弦波信号。

(7) 函数信号输出端：输出多种波形受控的函数信号，输出幅度 $20V_{PP}$(1 MΩ 负载)，$10V_{PP}$(50 Ω 负载)。

(8) 函数信号输出幅度调节旋钮：调节范围 20 dB。

(9) 函数信号输出直流电平偏移调节旋钮：调节范围为－5～＋5 V(50 Ω 负载)，－10～＋10 V(1 MΩ 负载)。当电位器处在关闭位置(逆时针旋到底即绿灯亮)时，则为 0 电平。

(10) 函数信号输出幅度衰减按键："20 dB"、"40 dB"按键均未按下，信号不经衰减直接从插座 7 输出。"20 dB"、"40 dB"键分别按下，则可衰减 20 dB 或 40 dB。"20 dB"和"40 dB"键同时按下时，则衰减 60 dB。

(11) 输出波形对称性调节旋钮：调节此旋钮可改变输出信号的对称性。当电位器处在关闭位置(逆时针旋到底即绿灯亮)时，则输出对称信号。

(12) 函数信号输出波形选择按钮：按动此键，可选择正弦波、三角波、方波三种波形。

(13) 波形指示灯：可分别指示正弦波、三角波、方波。按压波形选择按钮 12，指示灯亮，说明该波形被选定。

(14) "扫描/计数"按钮：可选择多种扫描方式和外测频方式。

(15) 扫描/计数方式指示灯：显示所选择的扫描方式和外测频方式。

(16) 倍率选择按钮↓：每按一次此按钮可递减输出频率的 1 个频段。

(17) 频率微调旋钮：调节此旋钮可微调输出信号频率，调节基数为 0.1～1。

(18) 倍率选择按钮↑：每按一次此按钮可递增输出频率的 1 个频段。

(19) 频段指示灯：共 8 个。指示灯亮，表明当前频段被选定。

(20) 整机电源开关：按下此键，机内电源接通，整机工作。按键释放整机电源关断。

此外，在后面板上还有：电源插座(交流市电 220 V 输入插座，内置容量为 0.5 A 保险丝)；TTL/CMOS 电平调节旋钮(调节旋钮"关"为 TTL 电平，打开则为 CMOS 电平，输出幅度可从 5 V 调节到 15 V)；TTL/CMOS 输出插座。

3. SP1641B 型函数信号发生器/计数器使用方法

(1) 主函数信号输出方法

将信号输出线连接到函数信号输出插座"7"。按倍率选择按钮"16"或"18"选定输出函数信号的频段，转动频率微调旋钮"17"调整输出信号的频率，直到所需的频率值。按波形选择按钮"12"选择输出函数信号的波形，可分别获得正弦波、三角波、方波。由输出幅度衰减按键"10"和输出幅度调节旋钮"8"选定和调节输出信号的幅度到所需值。当需要输出信号携带直流电平时可转动直流偏移旋钮"9"进行调节，此旋钮若处于关闭状态，则输出信号的直流电平为 0，即输出纯交流信号。输出波形对称调节钮"11"关闭时，输出信号为正弦波、三角波或占空比为 50%的方波。转动此旋钮，可改变输出方波信号的占空比或将三角波调变为锯齿波，正弦波调变为正、负半周角频率不同的正弦波形，且可移相 180°。

(2) 点频正弦信号输出方法

将终端不加 50 Ω 匹配器的信号输出线连接到点频输出插座"6"。输出频率为 100 Hz，幅度为 $2V_{PP}$(中心电平为 0)的标准正弦波信号。内扫描信号输出方法"扫描/计数"按钮"14"选定为"内扫描"方式。分别调节扫描宽度调节旋钮"3"和扫描速率调节旋钮"4"以获得所需的扫描信号输出。主函数信号输出插座"7"和 TTL/CMOS 输出插座(位于后面板)均可输出相应的内扫描的扫频信号。

4. 外扫描信号输入方法

“扫描/计数”按钮“14”选定为“外扫描”方式。由“扫描/计数”输入插座“5”输入相应的控制信号，即可得到相应的受控扫描信号。

5. TTL/CMOS 电平输出方法

转动后面板上的 TTL/CMOS 电平调节旋钮使其处于所需位置，以获得所需的电平。将终端不加 50 Ω 匹配器的信号输出线连接到后面板 TTL/CMOS 输出插座即可输出所需的电平。

1.3.2 DDS 函数信号发生器

DDS 函数信号发生器采用现代数字合成技术，它完全没有振荡器元件，而是利用直接数字合成技术，由函数计算值产生一连串数据流，再经数模转换器输出一个预先设定的模拟信号。其优点是：输出波形精度高、失真小；信号相位和幅度连续无畸变；在输出频率范围内不需设置频段，频率扫描可无间隙的连续覆盖全部频率范围等。现以 TFG2003 型 DDS 函数信号发生器为例，说明数字函数信号发生器的使用方法。

1. 技术指标

TFG2003 型 DDS 函数信号发生器具有双路输出、调幅输出、门控输出、猝发计数输出、频率扫描和幅度扫描等功能。其主要技术指标如下。

(1) A 路输出技术指标

波形种类：正弦波、方波。

频率范围：30 mHz～3 MHz；分辨率为 30 mHz。

幅度范围：100 mV_{PP}～20 V_{PP}（高阻）；分辨率为 80 mV_{PP}；输出阻抗为 50 Ω。手动衰减：衰减范围为 0～70 dB(10 dB、20 dB、40 dB 三挡)；步进 10 dB。

调制特性：调制信号：内部 B 路 4 种波形（正弦波、方波、三角波、锯齿波），频率 100 Hz～3 kHz。幅度调制（ASK）：载波幅度和跳变幅度任意设定。频率调制（FSK）：载波频率和跳变频率任意设定。

扫描特性：频率或幅度线性扫描，扫描过程可随时停止并保持，可手动逐点扫描。

(2) B 路输出技术指标

波形种类：正弦波、方波、三角波、锯齿波。

频率范围：100 Hz～3 kHz。

幅度范围：300mV_{PP}～8V_{PP}（高阻）。

(3) TTL 输出技术指标

波形特性：方波，上升/下降时间＜20 ns。

频率特性：与 A 路输出特性相同。

幅度特性：TTL 兼容，低电平＜0.3 V；高电平＞4 V。

2. 面板键盘功能

TFG2003 型 DDS 函数信号发生器前面板如图 1-3-3 所示。共 20 个按键、3 个幅度衰减开关、1 个调节旋钮、2 个输出端口和电源开关。按键都是按下释放后才有效，各按键功能如下。

【频率】键：频率选择键。

【幅度】键:幅度选择键。

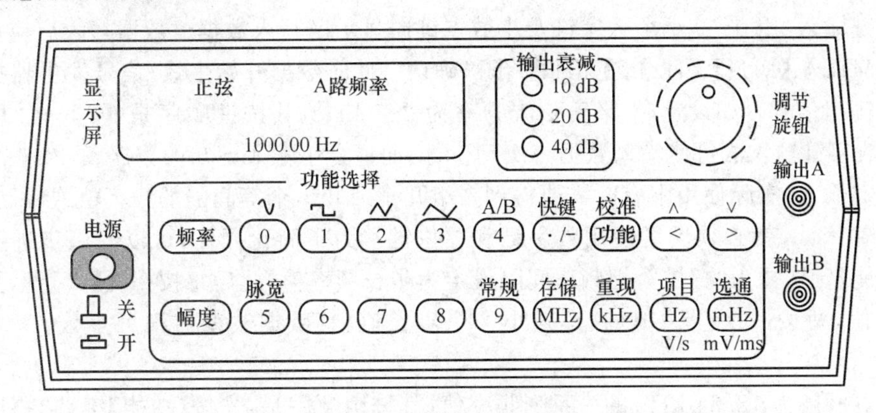

图 1-3-3　TFG2003 型 DDS 函数信号发生器前面板

【0】、【1】、【2】、【3】、【4】、【5】、【6】、【7】、【8】、【9】键:数字输入键。

【MHz】/【存储】、【kHz】/【重现】、【Hz】/【项目】/【V】/【s】、【mHz】/【选通】/【mV】/【ms】键:双功能键,在数字输入之后执行单位键的功能,同时作为数字输入的结束键(即确认键),其他时候执行【项目】、【选通】、【存储】、【重现】等功能。

【·/—】/【快键】键:双功能键,输入数字时为小数点输入键,其他时候执行【快键】功能。

【<】/【∧】、【>】/【∨】键:双功能键,一般情况下作为光标左右移动键,只有在"扫描"功能时作为加、减步进键和手动扫描键。

【功能】/【校准】键:主菜单控制键,循环选择 5 种功能,见表 1-3-1。

【项目】键:子菜单控制键,在每种功能下选择不同的项目,见表 1-3-1。

表 1-3-1　【功能】、【项目】菜单显示表

【功能】(主菜单)键	常规	扫描	调幅	猝发	键控
【项目】(子菜单)键	A 路频率	A 路频率	A 路频率	A 路频率	A 路频率
	B 路频率	始点频率	B 路频率	计数	始点频率
		终点频率		间隔	终点频率
		步长频率		单次	间隔
		间隔			
		方式			

【选通】键:双功能键,在"常规"功能时可以切换频率和周期,幅度峰-峰值和有效值,在"扫描"、"猝发"和"键控"功能时作为启动键。

【快键】:按【快键】后(显示屏上出现"Q"标志),再按【0】/【1】/【2】/【3】键,可以直接选择对应的 4 种不同波形输出;按【快键】后再按【4】键,可以直接进行 A 路和 B 路输出转换。按【快键】后按【5】键,可以调整方波的占空比。

调节旋钮:调节输入的数据。

3. 使用方法

按下电源开关,电源接通。显示屏先显示"欢迎使用"及一串数字,然后进入默认的"常规"功能输出状态,显示出当前 A 路输出波形为"正弦",频率为"1 000.00 Hz"。

(1) 该仪器的3种数据输入方式

数字键输入:用0~9十个数字键及小数点键向显示区写入数据。数据写入后应按相应的单位键(【MHz】、【kHz】、【Hz】或【mHz】)予以确认。此时数据开始生效,信号发生器按照新写入的参数输出信号。如设置A路正弦波频率为2.7 kHz,其按键顺序是:【2】→【.】→【7】→【kHz】。数字键输入法可使输入数据一次到位,因而适合于输入已知的数据。

步进键输入:实际使用中有时需要得到一组几个或几十个等间隔的频率值或幅度值,如果用数字键输入法,就必须反复使用数字键和单位键。为了简化操作,可以使用步进键输入方法,将【功能】键选择为"扫描",把频率间隔设定为步长频率值,此后每按一次【∧】键,频率增加一个步长值,每按一次【∨】键,频率减小一个步长值,且数据改变后即可生效,不需再按单位键。

如设置间隔为12.84 kHz的一系列频率值,其按键顺序是:先按【功能】键选"扫描",再按【项目】键选"步长频率",依次按【1】、【2】、【.】、【8】、【4】、【kHz】,此后连续按【∧】或【∨】键,就可得到一系列间隔为12.84 kHz的递增或递减频率值。步进键输入法适合于一系列等间隔数据的输入。步进键输入法只能在项目选择为"频率"或"幅度"时使用。

调节旋钮输入:按位移键【<】或【>】,使三角形光标左移或右移并指向显示屏上的某一数字,向右或左转动调节旋钮,光标指示位数字连续加1或减1,并能向高位进位或借位。调节旋钮输入时,数字改变后即刻生效。当不需要使用调节旋钮输入时,按位移键【<】或【>】使光标消失,转动调节旋钮就不再生效。

调节旋钮输入法适合于对已输入数据进行局部修改或需要输入连续变化的数据进行搜索观测。

(2) "常规"功能的使用

仪器开机后为"常规"功能,显示A路波形(正弦或方波),否则可按【功能】键选择"常规",仪器便进入"常规"状态。

频率/周期的设定:按【频率】键可以进行频率设定。在"A路频率"时用数字键或调节旋钮输入频率值,此时在"输出A"端口即有该频率的信号输出。例如,设定频率值为3.5 kHz,按键顺序为:【频率】→【3】→【.】→【5】→【kHz】。频率也可用周期值进行显示和输入。若当前显示为频率,按【选通】键,即可显示出当前周期值,用数字键或调节旋钮输入周期值。例如,设定周期值25 ms,按键顺序是:【频率】→【选通】→【2】→【5】→【ms】。

幅度的设定:按【幅度】键可以进行幅度设定。在"A路幅度"时用数字键或调节旋钮输入幅度值,此时在"输出A"端口即有该幅度的信号输出。例如,设定幅度为3.2 V,按键顺序是:【幅度】→【3】→【.】→【2】→【V】。幅度的输入和显示可以使用有效值(VRMS)或峰-峰值(VPP),当项目选择为幅度时,按【选通】键可对两种显示格式进行循环转换。

输出波形选择:如果当前选择为A路,按【快键】→【0】,输出为正弦波;按【快键】→【1】,输出为方波。方波占空比设定:若当前显示为A路方波,可按【快键】→【5】,显示出方波占空比的百分数,用数字键或调节旋钮输入占空比值,"输出A"端口即有该占空比的方波信号输出。

(3) "扫描"功能的使用

① "频率"扫描

按【功能】键选择"扫描",如果当前显示为频率,则进入"频率"扫描状态,可设置扫描参数,并进行扫描。

a. 设定扫描始点/终点频率：按【项目】键，选“始点频率”，用数字键或调节旋钮设定始点频率值；按【项目】键，选“终点频率”，用数字键或调节旋钮设定终点频率值。

注意：终点频率值必须大于始点频率值。

b. 设定扫描步长：按【项目】键，选“步长频率”，用数字键或调节旋钮设定步长频率值。扫描步长小，扫描点多，测量精细，反之则测量粗糙。

c. 设定扫描间隔时间：按【项目】键，选“间隔”，用数字键或调节旋钮设定间隔时间值。

d. 设定扫描方式：按【项目】键，选“方式”，有以下4种扫描方式可供选择。按【0】，选择为“正扫描方式”（扫描从始点频率开始，每步增加一个步长值，到达终点频率后，再返回始点频率重复扫描过程）；按【1】，选择为“逆扫描方式”（扫描从终点频率开始，每步减小一个步长值，到达始点频率后，再返回终点频率重复扫描过程）；按【2】，选择为“单次正扫描方式”（扫描从始点频率开始，每步增加一个步长值，到达终点频率后，扫描停止。每按一次【选通】键，扫描过程进行一次）；按【3】，选择为“往返扫描方式”（扫描从始点频率开始，每步增加一个步长值，到达终点频率后，改为每步减小一个步长值扫描至始点频率，如此往返重复扫描过程）。

e. 扫描启动和停止：扫描参数设定后，按【选通】键，显示出“F SWEEP”表示频率扫描功能已启动，按任意键可使扫描停止。扫描停止后，输出信号便保持在停止时的状态不再改变。无论扫描过程是否正在进行，按【选通】键都可使扫描过程重新启动。

f. 手动扫描：扫描过程停止后，可用步进键进行手动扫描，每按1次【∧】键，频率增加一个步长值，每按1次【∨】键，频率减小一个步长值，这样可逐点观察扫描过程的细节变化。

② “幅度”扫描

在“扫描”功能下按【幅度】键，显示出当前幅度值。设定幅度扫描参数（如始点幅度，终点幅度，步长幅度，间隔时间，扫描方式等），其方法与频率扫描类同。按【选通】键，显示出“A SWEEP”表示幅度扫描功能已启动。按任意键可使扫描过程停止。

(4) “调幅”功能的使用

按【功能】键，选择“调幅”，“输出A”端口即有幅度调制信号输出。A路为载波信号，B路为调制信号。

① 设定调制信号的频率：按【项目】键选择“B路频率”，显示出B路调制信号的频率，用数字键或调节旋钮可设定调制信号的频率。调制信号的频率应与载波信号频率相适应，一般来说，调制信号的频率应是载波信号频率的十分之一。

② 设定调制信号的幅度：按【项目】键选择“B路幅度”，显示出B路调制信号的幅度，用数字键或调节旋钮设定调制信号的幅度。调制信号的幅度越大，幅度调制深度就越大（注意：调制深度还与载波信号的幅度有关，载波信号的幅度越大，调制深度就越小，因此，可通过改变载波信号的幅度来调整调制深度）。

③ 外部调制信号的输入：从仪器后面板“调制输入”端口可引入外部调制信号。外部调制信号的幅度应根据调制深度的要求来调整。使用外部调制信号时，应将“B路频率”设定为0，以关闭内部调制信号。

(5) “猝发”功能的使用

按【功能】键，选择“猝发”，仪器即进入猝发输出状态，可输出一定周期数的脉冲串或对输出信号进行门控。

① 设定波形周期数：按【项目】键，选择“计数”，显示出当前输出波形的周期数，用数字键

或调节旋钮可设定每组输出的波形周期数。

② 设定间隔时间：按【项目】键，选择“间隔”，显示猝发信号的间隔时间值，用数字键或调节旋钮可设定各组输出之间的间隔时间。

③ 猝发信号的启动和停止：设定好猝发信号的频率、幅度、计数和间隔时间后，按【选通】键，显示出“BURST”，猝发信号开始输出，达到设定的周期数后输出暂停，经设定的时间间隔后又开始输出。如此循环，输出一系列脉冲串波形。按任意键可停止猝发输出。

④ 门控输出：若“计数”值设定为0，则为无限多个周期输出。猝发输出启动后，信号便连续输出，直到按任意键输出停止。这样可通过按键对输出信号进行闸门控制。

⑤ 单次猝发输出：按【项目】键，选择“单次”，可以输出单次猝发信号，每按一次【选通】键，输出一次设定数目的脉冲串波形。

(6) 键控功能的使用

在数字通讯或遥控遥测系统中，对数字信号的传输通常采用频移键控(FSK)或幅移键控(ASK)方式，对载波信号的频率或幅度进行编码调制，在接收端经过解调器再还原成原来的数字信号。

① 频移键控(FSK)输出：按【功能】键选择“键控”，若当前显示为频率值，仪器则进入FSK输出方式，可按【频率】键，设定FSK输出参数。按【项目】键，选择“始点频率”，设定载波频率值；按【项目】键，选择“终点频率”，设定跳变频率值；按【项目】键，选择“间隔”，设定两个频率的交替时间间隔。然后按【选通】键，启动FSK输出，此时显示出“FSK”。按任意键可使输出停止。

② 幅移键控(ASK)输出：在【功能】选择为“键控”方式下，按【幅度】键，显示出当前幅度值，仪器进入ASK输出方式。各项参数设定方法和输出启动方式与FSK类似，不再复述。

(7) B路输出的使用

B路输出有4种波形(正弦波、方波、三角波、锯齿波)，频率和幅度连续可调，但精度不高，也不能显示准确的数值，主要用作幅度调制信号以及定性的观测实验。

① 频率设定：按【项目】键选择“B路频率”，显示出一个频率调整数字(不是实际频率值)，用数字键或调节旋钮改变此数字即可改变“输出B”信号的频率。

② 幅度设定：按【项目】键选择“B路幅度”，显示出一个幅度调整数字(不是实际幅度值)，用数字键或调节旋钮改变此数字即可改变“输出B”信号的幅度。

③ 波形选择：若当前输出为B路，按【快键】、【0】，B路输出正弦波；按【快键】、【1】，B路输出方波；按【快键】、【2】，B路输出三角波；按【快键】、【3】，B路输出锯齿波。

(8) 出错显示功能

由于各种原因使得仪器不能正常运行时，显示屏将会有出错显示：EOP* 或 EOU* 等。EOP * 为操作方法错误显示，例如显示EOP1，提示您只有在频率和幅度时才能使用【∧】、【∨】键；显示EOP3，提示您在正弦波时不能输入脉宽；显示EOP5，提示您“扫描”、“键控”方式只能在频率和幅度时才能触发启动等。EOU * 为超限出错显示，即输入的数据超过了仪器所允许的范围，如显示EOU1，提示您扫描始点值不能大于终点值；显示EOU2，提示您频率或周期为0不能互换；显示EOU3，输入数据中含有非数字字符或输入数据超过允许值范围等。

思考与练习

1. 说明SP1641B型函数信号发生器操作面板上各按键、旋钮和插座的作用。

2. 调节SP1641B型函数信号发生器，使其输出频率为1 kHz、有效值分别为100 mV、60 mV、18 mV、6 mV的正弦波。

3. 通常情况下，扫描宽度、扫描速率、波形对称、直流偏移调节旋钮应处于什么位置？

4. 怎样用数字键输入法设置幅度为320 mV_{PP}的正弦波信号？怎样将其转换为有效值？转换后的数值是多少？

5. 怎样用步进键输入法设置间隔为1.3 kHz的正弦波信号？频率为6.9 kHz转换为周期是多少？

6. 怎样用调节旋钮输入法输入频率连续变化5 Hz的搜索数据流？

7. 将A路输出正弦波快速切换为方波的按键顺序是什么？

8. 怎样将A路输出峰-峰值为2 V的方波的占空比设置为30%？

1.4　模拟示波器

示波器是一种综合性电信号显示和测量仪器，它不但可以直接显示出电信号随时间变化的波形及其变化过程，测量出信号的幅度、频率、脉宽、相位差等，还能观察信号的非线性失真，测量调制信号的参数等。配合各种传感器，示波器还可以进行各种非电量参数的测量。

1.4.1　模拟示波器的组成和工作原理

模拟示波器的基本结构框图如图1-4-1所示。它由垂直系统（Y轴信号通道）、水平系统（X轴信号通道）、示波管及其电路、电源等组成。

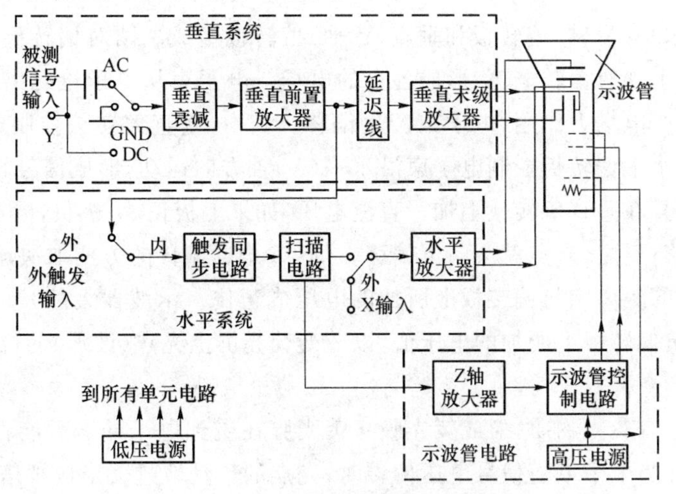

图1-4-1　模拟示波器结构框图

1. 示波管的结构和工作原理

(1) 示波管的结构

示波管是用以将被测电信号转变为光信号而显示出来的一个光电转换器件，它主要由电子枪、偏转系统和荧光屏三部分组成，如图 1-4-2 所示。

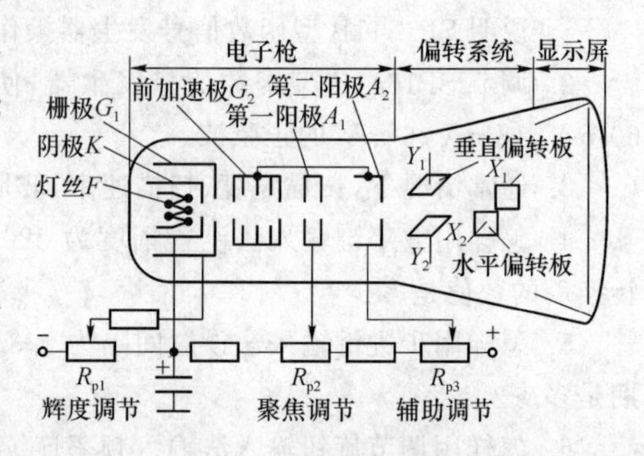

图 1-4-2　示波管结构示意图

① 电子枪

电子枪由灯丝 F、阴极 K、栅极 G_1、前加速极 G_2、第一阳极 A_1 和第二阳极 A_2 组成。阴极 K 是一个表面涂有氧化物的金属圆筒，灯丝 F 装在圆筒内部，灯丝通电后加热阴极，使其发热并发射电子，经栅极 G_1 顶端的小孔、前加速极 G_2 圆筒内的金属限制膜片、第一阳极 A_1、第二阳极 A_2 汇聚成可控的电子束冲击荧光屏使之发光。栅极 G_1 套在阴极外面，其电位比阴极低，对阴极发射出的电子起控制作用。调节栅极电位可以控制射向荧光屏的电子流密度。栅极电位较高时，绝大多数初速度较大的电子通过栅极顶端的小孔奔向荧光屏，只有少量初速度较小的电子返回阴极。电子流密度大，荧光屏上显示的波形较亮；反之，电子流密度小，荧光屏上显示的波形较暗。当栅极电位足够低时，电子会全部返回阴极，荧光屏上不显示光点。调节电阻 R_{P1} 即“辉度”调节旋钮，就可改变栅极电位，也即改变显示波形的亮度。

第一阳极 A_1 的电位远高于阴极，第二阳极 A_2 的电位高于 A_1，前加速极 G_2 位于栅极 G_1 与第一阳极 A_1 之间，且与第二阳极 A_2 相连。G_1、G_2、A_1、A_2 构成电子束控制系统。调节 R_{P2}（“聚焦”调节旋钮）和 R_{P3}（“辅助聚焦”调节旋钮），即第一、第二阳极的电位，可使发射出来的电子形成一条高速且聚集成细束的射线，冲击到荧光屏上会聚成细小的亮点，以保证显示波形的清晰度。

② 偏转系统

偏转系统由水平（X 轴）偏转板和垂直（Y 轴）偏转板组成。两对偏转板相互垂直，每对偏转板相互平行，其上加有偏转电压，形成各自的电场。电子束从电子枪射出之后，依次从两对偏转板之间穿过，受电场力作用，电子束产生偏移。其中，垂直偏转板控制电子束沿垂直（Y）轴方向上下运动，水平偏转板控制电子束沿水平（X）轴方向运动，形成信号轨迹并通过荧光屏显示出来。例如，只在垂直偏转板上加一直流电压，如果上板正，下板负，电子束在荧光屏上的光点就会向上偏移；反之，光点就会向下偏移。可见，光点偏移的方向取决于偏转板上所加电压的极性，而偏移的距离则与偏转板上所加的电压成正比。示波器上的“X 位移”和“Y 位移”旋钮就是用来调节偏转板上所加的电压值，以改变荧光屏上光点（波形）的位置。

③ 荧光屏

荧光屏内壁涂有荧光物质，形成荧光膜。荧光膜在受到电子冲击后能将电子的动能转化为光能形成光点。当电子束随信号电压偏转时，光点的移动轨迹就形成了信号波形。

由于电子打在荧光屏上，仅有少部分能量转化为光能，大部分则变成热能。所以，使用示波器时，不能将光点长时间停留在某一处，以免烧坏该处的荧光物质，在荧光屏上留下不能发光的暗点。

(2) 波形显示原理

电子束的偏转量与加在偏转板上的电压成正比。将被测正弦电压加到垂直(Y轴)偏转板上，通过测量偏转量的大小就可以测出被测电压值。但由于水平(X轴)偏转板上没有加偏转电压，电子束只会沿Y轴方向上下垂直移动，光点重合成一条竖线，无法观察到波形的变化过程。为了观察被测电压的变化过程，就要同时在水平(X轴)偏转板上加一个与时间呈线性关系的周期性的锯齿波。电子束在锯齿波电压作用下沿X轴方向匀速移动即“扫描”。在垂直(Y轴)和水平(X轴)两个偏转板的共同作用下，电子束在荧光屏上显示出波形的变化过程，如图1-4-3所示。

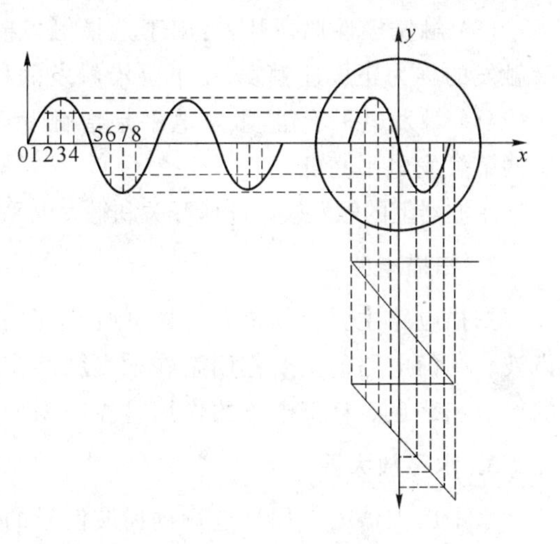

图1-4-3　模拟示波器波形显示原理

水平偏转板上所加的锯齿波电压称为扫描电压。当被测信号的周期与扫描电压的周期相等时，荧光屏上只显示一个正弦波。当扫描电压的周期是被测电压周期的整数倍时，荧光屏上将显示多个正弦波。示波器上的“扫描时间”旋钮就是用来调节扫描电压周期的。

1.4.2　水平系统

水平系统结构框图如图1-4-4所示，其主要作用是：产生锯齿波扫描电压并保持与Y通道输入被测信号同步，放大扫描电压或外触发信号，产生增辉或消隐作用以控制示波器Z轴电路。

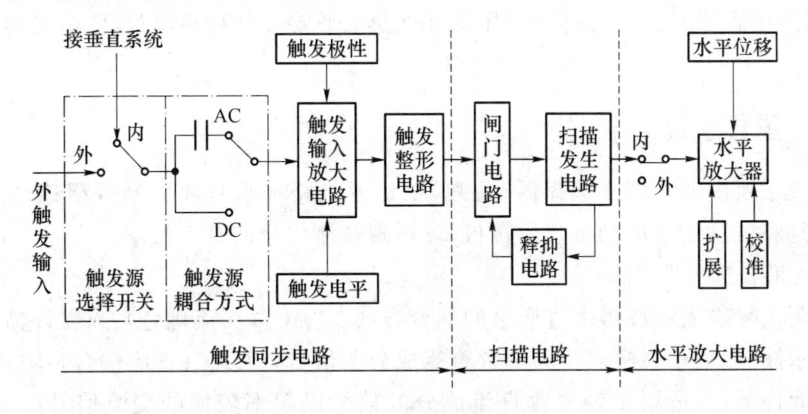

图1-4-4　水平系统结构框图

1. 触发同步电路

触发同步电路的主要作用：将触发信号(内部Y通道信号或外触发输入信号)经触发放大电路放大后，送到触发整形电路以产生前沿陡峭的触发脉冲，驱动扫描电路中的闸门电路。

(1) “触发源”选择开关：用来选择触发信号的来源，使触发信号与被测信号相关。“内触发”，触发信号来自垂直系统的被测信号；“外触发”，触发信号来自示波器“外触发输入（EXT TRIG）”端的输入信号。一般选择“内触发”方式。

（2）“触发源耦合”方式开关：用于选择触发信号通过何种耦合方式送到触发输入放大器。“AC”为交流耦合，用于观察低频到较高频率的信号；“DC”为直流耦合，用于观察直流或缓慢变化的信号。

（3）触发极性选择开关：用于选择触发时刻是在触发信号的上升沿还是下降沿。用上升沿触发的称为正极性触发；用下降沿触发的称为负极性触发。

（4）触发电平旋钮：触发电平是指触发点位于触发信号的什么电平上。触发电平旋钮用于调节触发电平高低。

示波器上的触发极性选择开关和触发电平旋钮，用来控制波形的起始点并使显示的波形稳定。

2. 扫描电路

扫描电路主要由扫描发生器、闸门电路和释抑电路等组成。扫描发生器用来产生线性锯齿波。闸门电路的主要作用是在触发脉冲作用下，产生急升或急降的闸门信号，以控制锯齿波的始点和终点。释抑电路的作用是控制锯齿波的幅度，达到等幅扫描，保证扫描的稳定性。

3. 水平放大器

水平放大器的作用是进行锯齿波信号的放大或在 X-Y 方式下对 X 轴输入信号进行放大，使电子束产生水平偏转。

（1）工作方式选择开关：选择“内”，X 轴信号为内部扫描锯齿波电压时，荧光屏上显示的波形是时间 T 的函数，称为“X-T”工作方式；选择“外”，X 轴信号为外输入信号，荧光屏上显示水平、垂直方向的合成图形，称为“X-Y”工作方式。

（2）“水平位移”旋钮：“水平位移”旋钮用来调节水平放大器输出的直流电平，以使荧光屏上显示的波形水平移动。

（3）“扫描扩展”开关：“扫描扩展”开关可改变水平放大电路的增益，使荧光屏水平方向单位长度（格）所代表的时间缩小为原值的 $1/k$。

1.4.3 垂直系统

垂直系统主要由输入耦合选择器、衰减器、延迟电路和垂直放大器等组成，如图 1-4-1 所示。其作用是将被测信号送到垂直偏转板，以再现被测信号的真实波形。

（1）输入耦合选择器

选择被测信号进入示波器垂直通道的偶合方式。“AC”（交流耦合）：只允许输入信号的交流成分进入示波器，用于观察交流和不含直流成分的信号。“DC”（直流耦合）：输入信号的交、直流成分都允许通过，适用于观察含直流成分的信号或频率较低的交流信号以及脉冲信号。“GND”（接地）：输入信号通道被断开，示波器荧光屏上显示的扫描基线为零电平线。

（2）衰减器

衰减器用来衰减大输入信号的幅度，以保证垂直放大器输出不失真。示波器上的“垂直灵敏度”开关即为该衰减器的调节旋钮。

（3）垂直放大器

垂直放大器为波形幅度的微调部分，其作用是与衰减器配合，将显示的波形调到适宜于人观察的幅度。

(4) 延迟电路

延迟电路的作用是使作用于垂直偏转板上的被测信号延迟到扫描电压出现后到达，以保证输入信号无失真地显示出来。

1.4.4 模拟示波器的正确调整

模拟示波器的调整和使用方法基本相同，现以 MOS-620/640 双踪示波器为例介绍其使用方法。

1. MOS-620/640 双踪示波器前面板简介

MOS-620/640 双踪示波器的调节旋钮、开关、按键及连接器等都位于前面板上，如图 1-4-5 所示，其作用如下。

(1) 示波管操作部分

6—“POWER”：主电源开关及指示灯。按下此开关，其左侧的发光二极管指示灯 5 亮，表明电源已接通。

2—“INTEN”：亮度调节钮。调节轨迹或光点的亮度。

3—“FOCUS”：聚焦调节钮。调节轨迹或亮光点的聚焦。

4—“TRACE ROTATION”：轨迹旋转。调整水平轨迹与刻度线相平行。

33—显示屏。显示信号的波形。

(2) 垂直轴操作部分

7、22—“VOLTS/DIV”：垂直衰减钮。调节垂直偏转灵敏度，从 5 mV/div～5 V/div，共 10 个挡位。

8—“CH1 [X]”：通道 1 被测信号输入连接器。在 X-Y 模式下，作为 X 轴输入端。

20—“CH2 [Y]”：通道 2 被测信号输入连接器。在 X-Y 模式下，作为 Y 轴输入端。

9、21—“VAR”垂直灵敏度旋钮：微调灵敏度大于或等于 1/2.5 标示值。在校正(CAL)位置时，灵敏度校正为标示值。

10、19—“AC-GND-DC”：垂直系统输入耦合开关。选择被测信号进入垂直通道的耦合方式。“AC”：交流耦合。“DC”：直流耦合。“GND”：接地。

11、18—“POSITION”：垂直位置调节旋钮。调节显示波形在荧光屏上的垂直位置。

12—“ALT”/“CHOP”：交替/断续选择按键，双踪显示时，放开此键(ALT)，通道 1 与通道 2 的信号交替显示，适用于观测频率较高的信号波形；按下此键(CHOP)，通道 1 与通道 2 的信号同时断续显示，适用于观测频率较低的信号波形。

13、15—“DC BAL”：CH1、CH2 通道直流平衡调节旋钮。垂直系统输入耦合开关在 GND 时，在 5 mV 与 10 mV 之间反复转动垂直衰减开关，调整“DC BAL”使光迹保持在零水平线上不移动。

14—“VERTICAL MODE”：垂直系统工作模式开关。CH1：通道 1 单独显示。CH2：通道 2 单独显示。DUAL：两个通道同时显示。ADD：显示通道 1 与通道 2 信号的代数或代数差(按下通道 2 的信号反向键“CH2 INV”时)。

17—“CH2 INV”：通道 2 信号反向按键。按下此键，通道 2 及其触发信号同时反向。

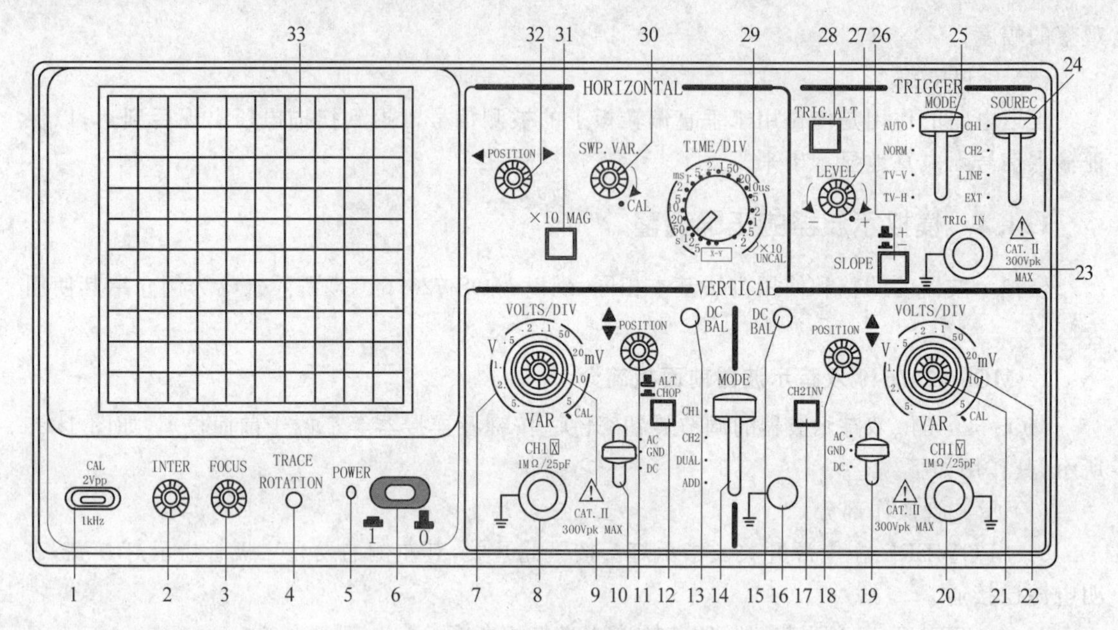

图 1-4-5 MOS-620/640 双踪示波器前面板

(3) 触发操作部分

23—“TRIG IN”：外触发输入端子。用于输入外部触发信号。当使用该功能时，“SOURCE”开关应设置在 EXT 位置。

24—“SOURCE”：触发源选择开关。“CH1”：当垂直系统工作模式开关 14 设定在 DUAL 或 ADD 时，选择通道 1 作为内部触发信号源。“CH2”：当垂直系统工作模式开关 14 设定在 DUAL 或 ADD 时，选择通道 2 作为内部触发信号源。“LINE”：选择交流电源作为触发信号源。“EXT”：选择“TRIG IN”端子输入的外部信号作为触发信号源。

25—“TRIGGER MODE”：触发方式选择开关。“AUTO”(自动)：当没有触发信号输入时，扫描处在自由模式下。“NORM”(常态)：当没有触发信号输入时，踪迹处在待命状态并不显示。“TV-V”(电视场)：当想要观察一场的电视信号时。“TV-H”(电视行)：当想要观察一行的电视信号时。

26—“SLOPE”：触发极性选择按键。释放为“+”，上升沿触发；按下为“−”，下降沿触发。

27—“LEVEL”：触发电平调节旋钮。显示一个同步的稳定波形，并设定一个波形的起始点。向“+”旋转触发电平向上移，向“−”旋转触发电平向下移。

28—“TRIG. ALT”：当垂直系统工作模式开关 14 设定在 DUAL 或 ADD，且触发源选择开关 24 选 CH1 或 CH2 时，按下此键，示波器会交替选择 CH1 和 CH2 作为内部触发信号源。

(4) 水平轴操作部分

29—“TIME/DIV”：水平扫描速度旋钮。扫描速度从 0.2 μs/div 到 0.5 s/div 共 20 挡。当设置到 X-Y 位置时，示波器可工作在 X-Y 方式。

30—“SWP VAR”：水平扫描微调旋钮。微调水平扫描时间，使扫描时间被校正到与面板上“TIME/DIV”指示值一致。顺时针转到底为校正(CAL)位置。

31—“×10 MAG”：扫描扩展开关。按下时扫描速度扩展 10 倍。

32—“POSITION”：水平位置调节钮。调节显示波形在荧光屏上的水平位置。

(5) 其他操作部分

1—“CAL”:示波器校正信号输出端。提供幅度为 2 V_{PP},频率为 1 kHz 的方波信号,用于校正 10∶1 探头的补偿电容器和检测示波器垂直与水平偏转因数等。

16—“GND”:示波器机箱的接地端子。

2. 双踪示波器的正确调整与操作

示波器的正确调整和操作对于提高测量精度和延长仪器的使用寿命十分重要。

(1) 聚焦和辉度的调整

调整聚焦旋钮使扫描线尽可能细,以提高测量精度。扫描线亮度(辉度)应适当,过亮不仅会降低示波器的使用寿命,而且也会影响聚焦特性。

(2) 正确选择触发源和触发方式

触发源的选择:如果观测的是单通道信号,就应选择该通道信号作为触发源;如果同时观测两个时间相关的信号,则应选择信号周期长的通道作为触发源。

触发方式的选择:首次观测被测信号时,触发方式应设置于“AUTO”,待观测到稳定信号后,调好其他设置,最后将触发方式开关置于“NORM”,以提高触发的灵敏度。当观测直流信号或小信号时,必须采用“AUTO”触发方式。

(3) 正确选择输入耦合方式

根据被观测信号的性质来选择正确的输入耦合方式。一般情况下,被观测的信号为直流或脉冲信号时,应选择“DC”耦合方式;被观测的信号为交流时,应选择“AC”耦合方式。

(4) 合理调整扫描速度

调节扫描速度旋钮,可以改变荧光屏上显示波形的个数。提高扫描速度,显示的波形少;降低扫描速度,显示的波形多。显示的波形不应过多,以保证时间测量的精度。

(5) 波形位置和几何尺寸的调整

观测信号时,波形应尽可能处于荧光屏的中心位置,以获得较好的测量线性。正确调整垂直衰减旋钮,尽可能使波形幅度占一半以上,以提高电压测量的精度。

(6) 合理操作双通道

将垂直工作方式开关设置到“DUAL”,两个通道的波形可以同时显示。为了观察到稳定的波形,可以通过“ALT/CHOP”(交替/断续)开关控制波形的显示。按下“ALT/CHOP”开关(置于 CHOP),两个通道的信号断续地显示在荧光屏上,此设定适用于观测频率较高的信号;释放“ALT/CHOP”开关(置于 ALT),两个通道的信号交替地显示在荧光屏上,此设定适用于观测频率较低的信号。在双通道显示时,还必须正确选择触发源。当 CH1、CH2 信号同步时,选择任意通道作为触发源,两个波形都能稳定显示,当 CH1、CH2 信号在时间上不相关时,应按下“TRIG. ALT”(触发交替)开关,此时每一个扫描周期,触发信号交替一次,因而两个通道的波形都会稳定显示。

值得注意的是:双通道显示时,不能同时按下“CHOP”和“TRIG ALT”开关,因为“CHOP”信号成为触发信号而不能同步显示。利用双通道进行相位和时间对比测量时,两个通道必须采用同一同步信号触发。

(7) 触发电平调整

调整触发电平旋钮可以改变扫描电路预置的阀门电平。向“+”方向旋转时,阀门电平向正方向移动;向“-”方向旋转时,阀门电平向负方向移动;处在中间位置时,阀门电平设定在信号的平均值上。触发电平过正或过负,均不会产生扫描信号。因此,触发电平旋钮通常应保持在中间位置。

3. 模拟示波器测量实例

(1) 直流电压的测量

将示波器垂直灵敏度旋钮置于校正位置,触发方式开关置于"AUTO"。将垂直系统输入耦合开关置于"GND",此时扫描线的垂直位置即为零电压基准线,即时间基线。调节垂直位移旋钮使扫描线落于某一合适的水平刻度线。将被测信号接到示波器的输入端,并将垂直系统输入耦合开关置于"DC"。调节垂直衰减旋钮使扫描线有合适的偏移量。确定被测电压值。扫描线在 Y 轴的偏移量与垂直衰减旋钮对应挡位电压的乘积即为被测电压值。根据扫描线的偏移方向确定直流电压的极性。扫描线向零电压基准线上方移动时,直流电压为正极性,反之为负极性。

(2) 交流电压的测量

将示波器垂直灵敏度旋钮置于校正位置,触发方式开关置于"AUTO"。将垂直系统输入耦合开关置于"GND",调节垂直位移旋钮使扫描线准确地落在水平中心线上。输入被测信号,并将输入耦合开关置于"AC"。调节垂直衰减旋钮和水平扫描速度旋钮使显示波形的幅度和个数合适。选择合适的触发源、触发方式和触发电平等使波形稳定显示。确定被测电压的峰-峰值。波形在 Y 轴方向最高与最低点之间的垂直距离(偏移量)与垂直衰减旋钮对应挡位电压的乘积即为被测电压的峰-峰值。

(3) 周期的测量

将水平扫描微调旋钮置于校正位置,并使时间基线落在水平中心刻度线上。输入被测信号。调节垂直衰减旋钮和水平扫描速度旋钮等,使荧光屏上稳定显示 1～2 波形。选择被测波形一个周期的始点和终点,并将始点移动到某一垂直刻度线上以便读数。确定被测信号的周期。信号波形一个周期在 X 轴方向始点与终点之间的水平距离与水平扫描速度旋钮对应挡位的时间之积即为被测信号的周期。

用示波器测量信号周期时,可以测量信号 1 个周期的时间,也可以测量 n 个周期的时间,再除以周期个数 n。后一种方法产生的误差会小一些。

(4) 频率的测量

由于信号的频率与周期为倒数关系,即 $f=1/T$。因此,可以先测信号的周期,再求倒数即可得到信号的频率。

(5) 相位差的测量

将水平扫描微调旋钮、垂直灵敏度旋钮置于校正位置。将垂直系统工作模式开关置于"DUAL",并使两个通道的时间基线均落在水平中心刻度线上。输入两路频率相同而相位不同的交流信号至 CH1 和 CH2,将垂直输入耦合开关置于"AC"。调节相关旋钮,使荧光屏上稳定显示出两个大小适中的波形。确定两个被测信号的相位差。测出信号波形一个周期在 X 轴方向所占的格数 m(5 格),再测出两波形上对应点(如过零点)之间的水平格数 n(1.6 格),则 U_1 超前 U_2 的相位差角 $\Delta\varphi=\frac{n}{m}\times360°=\frac{1.6}{5}\times360°=115.2°$。

相位差角 $\Delta\varphi$ 符号的确定。当 U_2 滞后 U_1 时,$\Delta\varphi$ 为负;当 U_2 超前 U_1 时,$\Delta\varphi$ 为正。

频率和相位差角的测量还可以采用 Lissajous 图形法,此处不再赘述。

思考与练习

1. 示波管由哪些部分组成？各部分的作用是什么？
2. 简述模拟示波器的基本工作原理。
3. 简述示波器垂直系统的主要组成和作用。
4. 简述示波器水平系统的主要组成和作用。
5. 怎样正确调整和操作模拟示波器？
6. 熟悉 MOS-620/640 双踪示波器面板上各旋钮、开关和按键的作用和操作。
7. 用模拟示波器测量±5 V 的直流电压。
8. 用模拟示波器测量有效值为 100 mV 的正弦信号的峰-峰值。
9. 用模拟示波器测量交流信号的周期和频率。
10. 用模拟示波器测量 RL、RC 电路的相位差角。

1.5　数字示波器

数字示波器不仅具有多重波形显示、分析和数学运算功能，波形、设置、CSV 和位图文件存储功能，自动光标跟踪测量功能，波形录制和回放功能等，还支持即插即用 USB 存储设备和打印机，并可通过 USB 存储设备进行软件升级等。

1.5.1　数字示波器快速入门

数字示波器前面板各通道标志、旋钮和按键的位置及操作方法与传统示波器类似。现以 DS1000 系列数字示波器为例予以说明。

1. DS1000 系列数字示波器前操作面板简介

DS1000 系列数字示波器前操作面板如图 1-5-1 所示。按功能前面板可分为八大区，即液晶显示区、功能菜单操作区、常用菜单区、执行按键区、垂直控制区、水平控制区、触发控制区、信号输入/输出区等。

功能菜单操作区有 5 个按键，1 个多功能旋钮和 1 个按钮。5 个按键用于操作屏幕右侧的功能菜单及子菜单；多功能旋钮用于选择和确认功能菜单中下拉菜单的选项等；按钮用于取消屏幕上显示的功能菜单。

常用菜单区如图 1-5-2 所示。按下任一按键，屏幕右侧会出现相应的功能菜单。通过功能菜单操作区的 5 个按键可选定功能菜单的选项。功能菜单选项中有“◁”符号的，标明该选项有下拉菜单。下拉菜单打开后，可转动多功能旋钮(↺)选择相应的项目并按下予以确认。功能菜单上、下有“▲”、“▼”符号，表明功能菜单一页未显示完，可操作按键上、下翻页。功能菜单中有↺，表明该项参数可转动多功能旋钮进行设置调整。按下取消功能菜单按钮，显

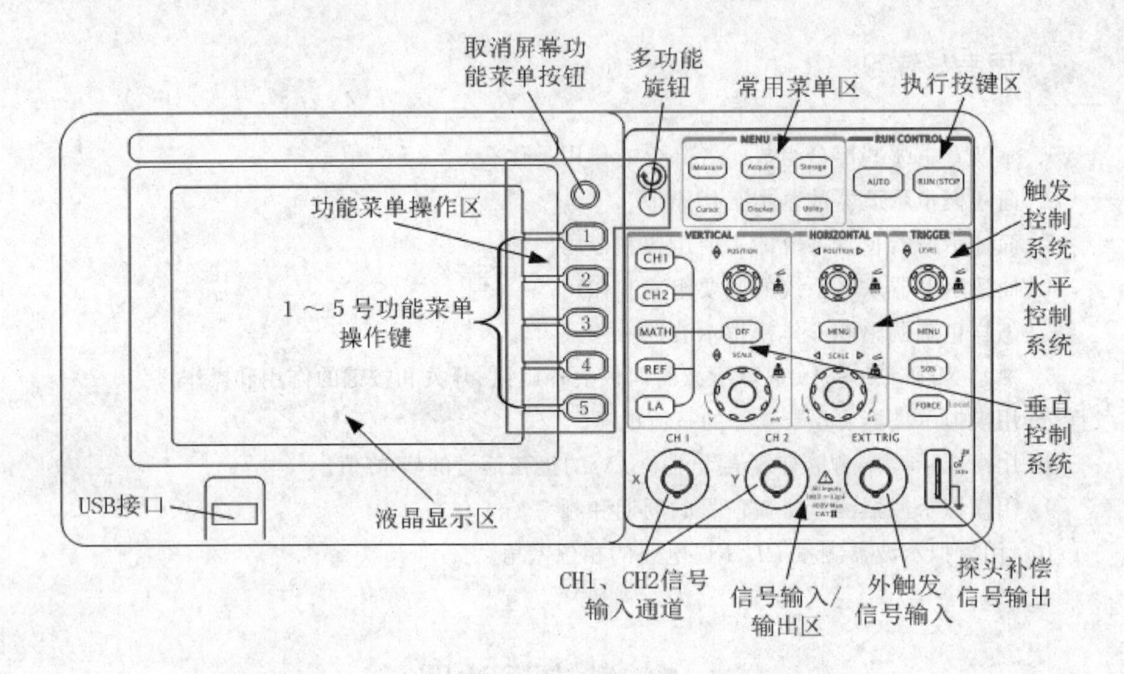

图 1-5-1　DS1000 系列数字示波器前操作面板

示屏上的功能菜单立即消失。

执行按键区有 AUTO（自动设置）和 RUN/STOP（运行/停止）2 个按键。按下 AUTO 按键，示波器将根据输入的信号，自动设置和调整垂直、水平及触发方式等各项控制值，使波形显示达到最佳适宜观察状态，如需要，还可进行手动调整。按 AUTO 后，菜单显示及功能如图 1-5-3 所示。RUN/STOP 键为运行/停止波形采样按键。运行（波形采样）状态时，按键为黄色；按一下按键，停止波形采样且按键变为红色，有利于绘制波形并可在一定范围内调整波形的垂直衰减和水平时基，再按一下，恢复波形采样状态。注意：应用自动设置功能时，要求被测信号的频率大于或等于 50 Hz，占空比大于 1%。

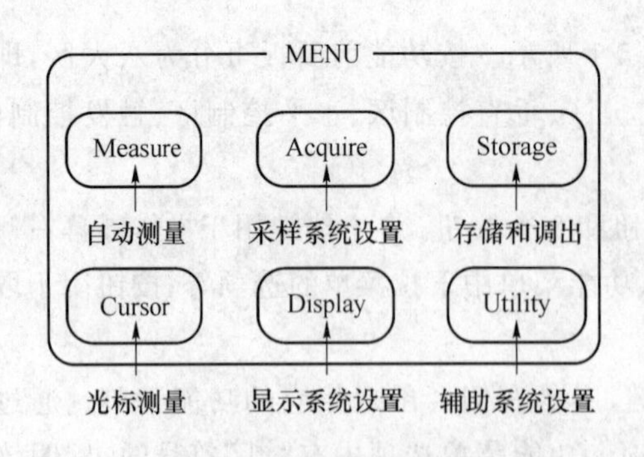

图 1-5-2　前面板常用菜单区

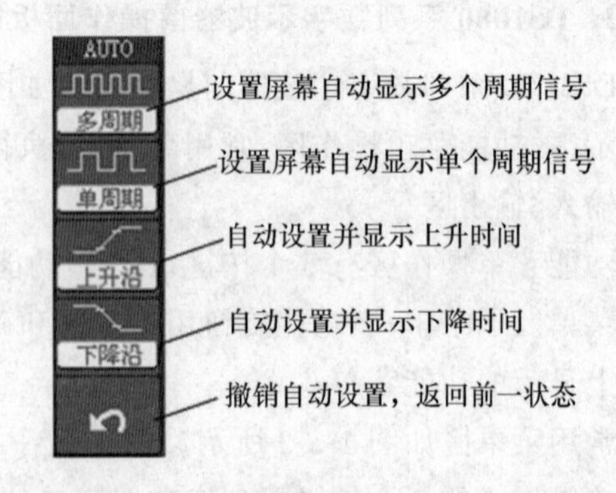

图 1-5-3　AUTO 按键功能菜单及应用

垂直系统操作区如图 1-5-4 所示。垂直位置 POSITION 旋钮可设置所选通道波形的垂直显示位置。转动该旋钮不但显示的波形会上下移动，且所选通道的“地”（GND）标识也会随波形上下移动并显示于屏幕左状态栏，移动值则显示于屏幕左下方；按下垂直◎POSITION旋钮，垂直显示位置快速恢复到零点（即显示屏水平中心位置）处。垂直衰减◎SCALE旋钮调整所选通道波形的显示幅度。转动该旋钮改变“Volt/div（伏/格）”垂直挡位，同时下状态栏对应通道显示的幅值也会发生变化。CH1、CH2、MATH、REF为通道或方式按键，按下某按键屏幕将显示其功能菜单、标志、波形和挡位状态等信息。OFF键用于关闭当前选择的通道。

水平系统操作区如图1-5-5所示，主要用于设置水平时基。水平位置◎POSITION旋钮调整信号波形在显示屏上的水平位置，转动该旋钮不但波形随旋钮而水平移动，且触发位移标志“▮”也在显示屏上部随之移动，移动值则显示在屏幕左下角；按下此旋钮触发位移恢复到水平零点（即显示屏垂直中心线）处。水平衰减◎SCALE旋钮改变水平时基挡位设置，转动该旋钮改变“s/div（秒/格）”水平挡位，下状态栏Time后显示的主时基值也会发生相应的变化。水平扫描速度从20 ns～50 s，以1-2-5的形式步进。按动水平◎SCALE旋钮可快速打开或关闭延迟扫描功能。按水平功能菜单MENU键，显示TIME功能菜单，在此菜单下，可开启/关闭延迟扫描，切换Y（电压）－T（时间）、X（电压）－Y（电压）和ROLL（滚动）模式，设置水平触发位移复位等。

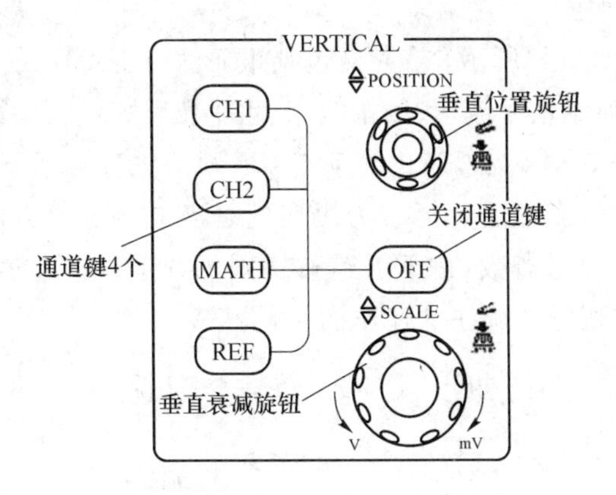

图1-5-4　垂直系统操作区

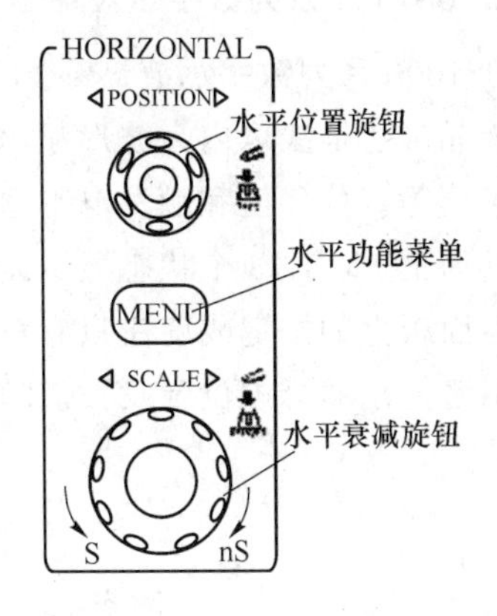

图1-5-5　水平系统操作区

触发系统操作区如图1-5-6所示，主要用于触发系统的设置。转动◎LEVEL触发电平调节旋钮。设置旋钮，屏幕上会出现一条上下移动的水平黑色触发线及触发标志，且左下角和上状态栏最右端触发电平的数值也随之发生变化。停止转动◎LEVEL旋钮，触发线、触发标志及左下角触发电平的数值会在约5秒后消失。按下◎LEVEL旋钮触发电平快速恢复到零点。按MENU键可调出触发功能菜单，改变触发设置。按50%按钮，设定触发电平在触发信号幅值的垂直中点。按FORCE键，强制产生一触发信号，主要用于触发方式中的“普通”和“单次”模式。

信号输入/输出区如图1-5-7所示，“CH1”和“CH2”为信号输入通道，EXT TREIG为外触发信号输入端，最右侧为示波器校正信号输出端（输出频率1 kHz、幅值3 V的方波信号）。

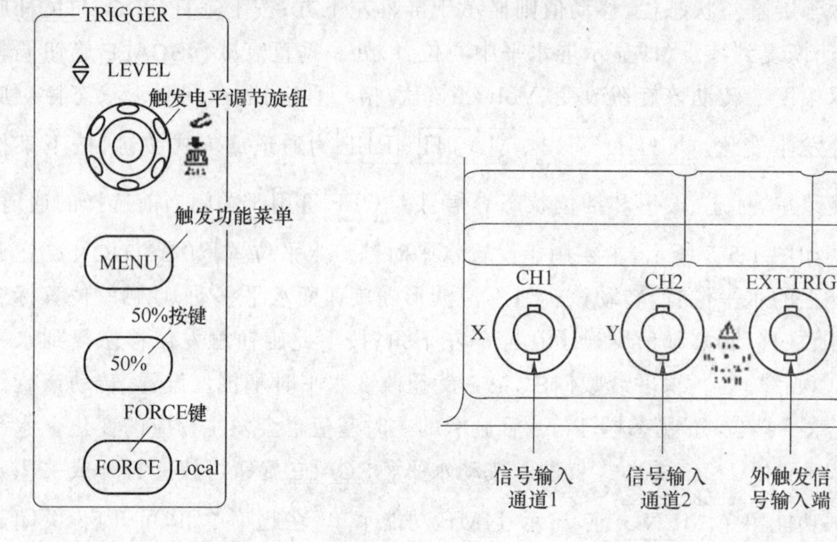

图 1-5-6　触发系统操作区　　　　图 1-5-7　信号输入/输出区

2. DS1000 系列数字示波器显示界面说明

DS1000 系列数字示波器显示界面如图 1-5-8 所示，它主要包括波形显示区和状态显示区。液晶屏边框线以内为波形显示区，用于显示信号波形、测量数据、水平位移、垂直位移和触发电平值等。位移值和触发电平值在转动旋钮时显示，停止转动 5 s 后则消失。显示屏边框线以外为上、下、左 3 个状态显示区(栏)。下状态栏通道标志为黑底的是当前选定通道，操作示波器面板上的按键或旋钮只有对当前选定通道有效，按下通道按键则可选定被按通道。状态显示区显示的标志位置及数值随面板相应按键或旋钮的操作而变化。

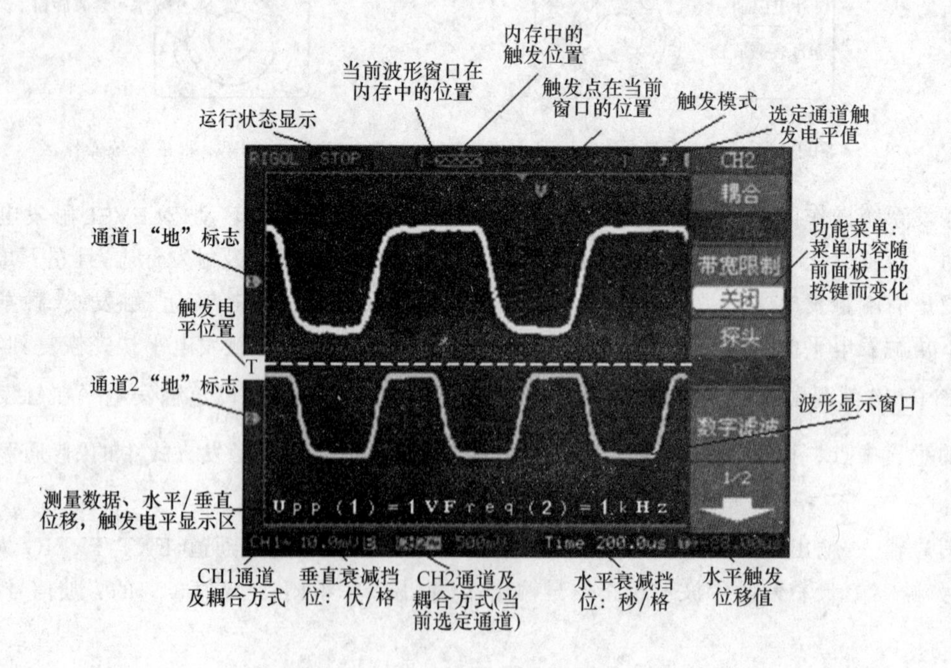

图 1-5-8　DS1000 系列数字示波器显示界面

3. 使用要领和注意事项

(1) 信号接入方法

以CH1通道为例介绍信号接入方法。将探头上的开关设定为10X,将探头连接器上的插槽对准CH1插口并插入,然后向右旋转拧紧。设定示波器探头衰减系数。探头衰减系数改变仪器的垂直挡位比例,因而直接关系测量结果的正确与否。默认的探头衰减系数为1X,设定时必须使探头上的黄色开关的设定值与输入通道“探头”菜单的衰减系数一致。衰减系数设置方法是:按CH1键,显示通道1的功能菜单,如图1-5-9所示。按下与探头项目平行的3号功能菜单操作键,转动↻选择与探头同比例的衰减系数并按下↻予以确认。此时应选择并设定为10X。把探头端部和接地夹接到函数信号发生器或示波器校正信号输出端。按AUTO(自动设置)键,几秒钟后,在波形显示区即可看到输入函数信号或示波器校正信号的波形。

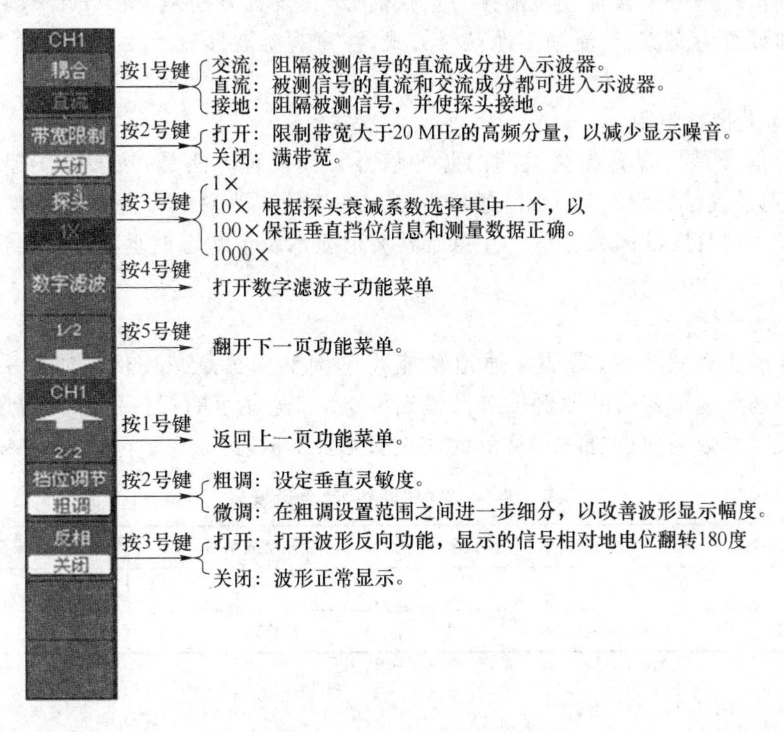

图1-5-9　通道功能菜单及说明

用同样的方法检查并向CH2通道接入信号。

(2) 为了加速调整,便于测量,当被测信号接入通道时,可直接按AUTO键以便立即获得合适的波形显示和挡位设置等。

(3) 示波器的所有操作只对当前选定(打开)通道有效。通道选定(打开)方法是:按CH1或CH2按钮即可选定(打开)相应通道,并且下状态栏的通道标志变为黑底。关闭通道的方法是:按OFF键或再次按下通道按钮当前选定通道即被关闭。

(4) 数字示波器的操作方法类似于操作计算机,其操作分为三个层次。第一层:按下前面板上的功能键即进入不同的功能菜单或直接获得特定的功能应用。第二层:通过5个功能菜单操作键选定屏幕右侧对应的功能项目或打开子菜单或转动多功能旋钮↻调整项目参数。第三层:转动多功能旋钮对选择下拉菜单中的项目并按下对对所选项目予以确认。

(5) 使用时应熟悉并通过观察上、下、左状态栏来确定示波器设置的变化和状态。

1.5.2 数字示波器的高级应用

1. 垂直系统的高级应用

(1) 通道设置

该示波器 CH1 和 CH2 通道的垂直菜单是独立的,每个项目都要按不同的通道进行单独设置,但 2 个通道功能菜单的项目及操作方法则完全相同。现以 CH1 通道为例予以说明。按 CH1 键,屏幕右侧显示 CH1 通道的功能菜单如图 1-5-9 所示。

① 设置通道耦合方式

假设被测信号是一个含有直流偏移的正弦信号,其设置方法是:按 CH1→耦合→交流/直流/接地,分别设置为交流、直流和接地耦合方式,注意观察波形显示及下状态栏通道耦合方式符号的变化。

② 设置通道带宽限制

假设被测信号是一含有高频振荡的脉冲信号。其设置方法是:按 CH1→带宽限制→关闭/打开。分别设置带宽限制为关闭/打开状态。前者允许被测信号含有的高频分量通过,后者则阻隔大于 20 MHz 的高频分量。注意观察波形显示及下状态栏垂直衰减挡位之后带宽限制符号的变化。

③ 调节探头比例

为了配合探头衰减系数,需要在通道功能菜单调整探头衰减比例。如探头衰减系数为 10∶1,示波器输入通道探头的比例也应设置成 10×,以免显示的挡位信息和测量的数据发生错误。探头衰减系数与通道“探头”菜单设置要求见表 1-5-1。

表 1-5-1 通道“探头”菜单设置表

探头衰减系数	通道“探头”菜单设置	探头衰减系数	通道“探头”菜单设置
1∶1	1×	100∶1	100×
10∶1	10×	1 000∶1	1 000×

④ 垂直挡位调节设置

垂直灵敏度调节范围为 2 mV/div～5 V/div。挡位调节分为粗调和微调两种模式。粗调以 2 mV/div、5 mV/div、10 mV/div、20 mV/div…5 V/div 的步进方式调节垂直挡位灵敏度。微调指在当前垂直挡位下进一步细调。如果输入的波形幅度在当前挡位略大于满刻度,而应用下一挡位波形显示幅度稍低,可用微调改善波形显示幅度,以利于观察信号的细节。

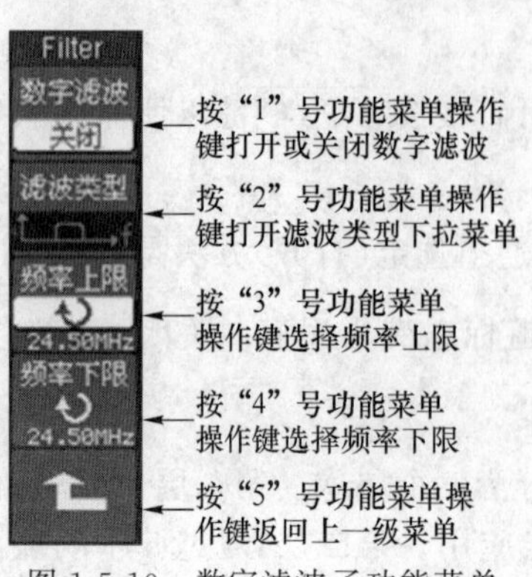

图 1-5-10 数字滤波子功能菜单

⑤ 波形反相设置

波形反相关闭,显示正常被测信号波形;波形反相打开,显示的被测信号波形相对于地电位翻转 180°。

⑥ 数字滤波设置

按数字滤波对应的 4 号功能菜单操作键,打开 Filter

(数字滤波)子功能菜单,如图 1-5-10 所示。可选择滤波类型,见表 1-5-2。转动多功能旋钮(↻)可调节频率上限和下限,设置滤波器的带宽范围等。

表 1-5-2　数字滤波子菜单说明

功能菜单	设定	说明
数字滤波	关闭	关闭数字滤波器
	打开	打开数字滤波器
滤波类型	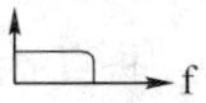 (低通图示) f	设置为低通滤波
	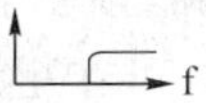 (高通图示) f	设置为高通滤波
	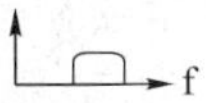 (带通图示) f	设置为带通滤波
	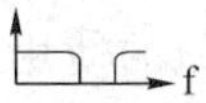 (带阻图示) f	设置为带阻滤波
频率上限	↻ (上限频率)	转动多功能按钮↻ 设置频率上限
频率下限	↻ (下限频率)	转动多功能按钮↻ 设置频率下限
↰		返回上一级菜单

(2) MATH(数学运算)按键功能

数学运算(MATH)功能菜单及说明如图 1-5-11 和表 1-5-3 所示。它可显示 CH1、CH2 通道波形相加、相减、相乘以及 FFT(傅里叶变换)运算的结果。数学运算结果同样可以通过栅格或光标进行测量。

表 1-5-3　数学运算(MATH)功能菜单说明

功能菜单	设定	说明
操作	A+B	信源 A 与信源 B 相加
	A−B	信源 A 与信源 B 相减
	A×B	信源 A 与信源 B 相乘
	FFT	FFT(傅里叶)数学运算
信源 A	CH1	设置信源 A 为 CH1 通道波形
	CH2	设置信源 A 为 CH2 通道波形
信源 B	CH1	设置信源 B 为 CH1 通道波形
	CH2	设置信源 B 为 CH2 通道波形
反相	打开	打开数学运算波形反相功能
	关闭	关闭数学运算波形反相功能

(3) REF(参考)按键功能

在有电路工作点参考波形的条件下,通过 REF 按键的菜单,可以把被测波形和参考波形样板进行比较,以判断故障原因。

(4) 垂直◎POSITION 和◎SCALE 旋钮的使用

① 垂直◎POSITION 旋钮调整所有通道(含 MATH 和 REF)波形的垂直位置。该旋钮的解析度根据垂直挡位而变化,按下此旋钮选定通道的位移立即回零即显示屏的水平中心线。

② 垂直◎SCALE 旋钮调整所有通道(含 MATH 和 REF)波形的垂直显示幅度。粗调以 1-2-5 步进方式确定垂直挡位灵敏度。顺时针增大显示幅度,逆时针减小显示幅度。细调是在当前挡位进一步调节波形的显示幅度。按动垂直◎SCALE 旋钮,可在粗调、微调间切换。

调整通道波形的垂直位置时,屏幕左下角会显示垂直位置信息。

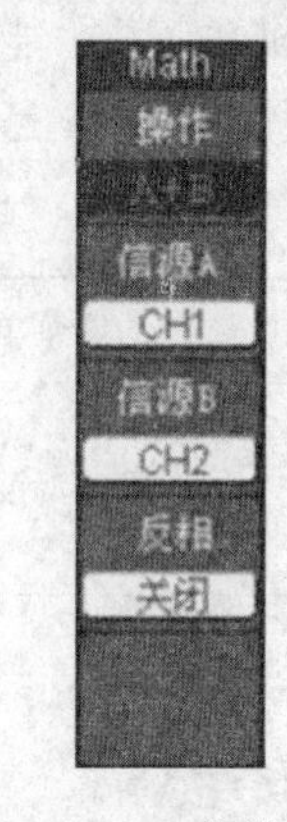

图 1-5-11 数学运算(MATH)功能菜单

2. 水平系统的高级应用

(1) 水平◎POSITION 和◎SCALE 旋钮的使用

① 转动水平◎POSITION 旋钮,可调节通道波形的水平位置。按下此旋钮触发位置立即回到屏幕中心位置;

② 转动水平◎SCALE 旋钮,可调节主时基,即秒/格(s/div);当延迟扫描打开时,转动水平◎SCALE 旋钮可改变延迟扫描时基以改变窗口宽度。

(2) 水平 MENU 键

按下水平 MENU 键,显示水平功能菜单,如图 1-5-12 所示。在 X-Y 方式下,自动测量模式、光标测量模式、REF 和 MATH、延迟扫描、矢量显示类型、水平◎POSITION 旋钮、触发控制等均不起作用。

延迟扫描用来放大某一段波形,以便观测波形的细节。在延迟扫描状态下,波形被分成上、下两个显示区,如图 1-5-13 所示。上半部分显示的是原波形,中间黑色覆盖区域是被水平扩展的波形部分。此区域可通过转动水平◎POSITION 旋钮左右移动或转动水平◎SCALE 旋钮扩大和缩小。下半部分是对上半部分选定区域波形的水平扩展即放大。由于整个下半部分显示的波形对应于上半部分选定的区域,因此转动水平◎SCALE 旋钮减小选择区域可以提高延迟时基,即提高波形的水平扩展倍数。可见,延迟时基相对于主时基提高了分辨率。

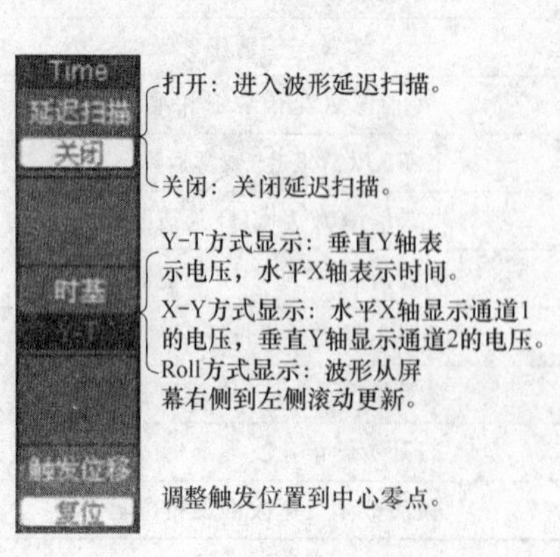

图 1-5-12 水平 MENU 键菜单及意义

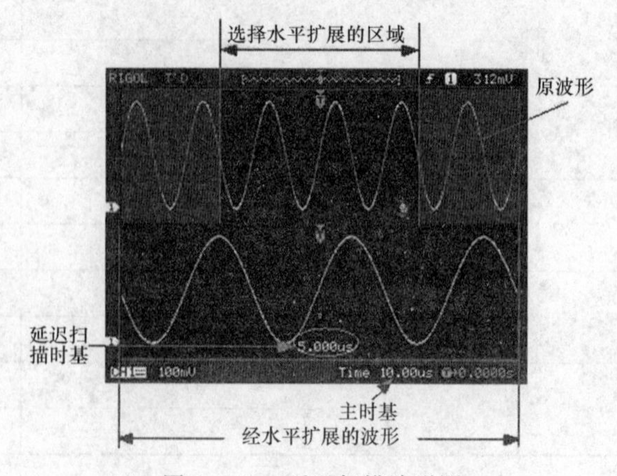

图 1-5-13 延迟扫描波形图

按下水平◎SCALE旋钮可快速退出延迟扫描状态。

3. 触发系统的高级应用

触发控制区包括触发电平调节旋钮◎LEVEL、触发菜单按键MENU、50%按键和强制按键FORCE。

触发电平调节旋钮◎LEVEL：设定触发点对应的信号电压，按下此旋钮可使触发电平立即回零。

50%按键：按下触发电平设定在触发信号幅值的垂直中点。

FORCE按键：按下强制产生一触发信号，主要用于触发方式中的“普通”和“单次”模式。

MENU按键为触发系统菜单设置键。其功能菜单、下拉菜单及子菜单如图1-5-14所示。下面对主要触发菜单予以说明。

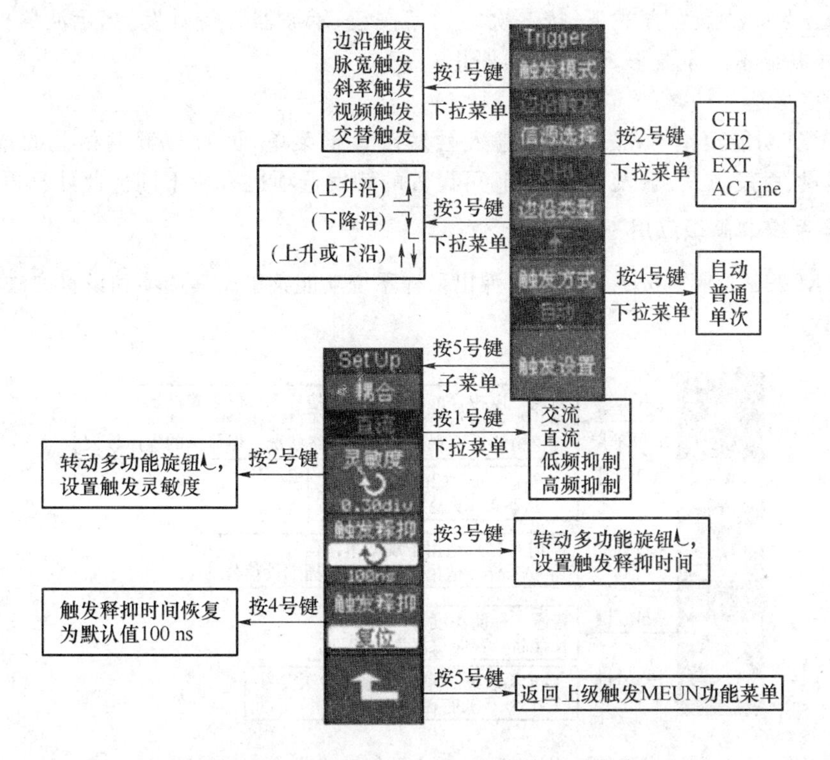

图1-5-14　触发系统MENU菜单及子菜单

(1) 触发模式

① 边沿触发：指在输入信号边沿的触发阈值上触发。在选择“边沿触发”后，还应选择是在输入信号的上升沿、下降沿还是上升和下降沿触发。

② 脉宽触发：指根据脉冲的宽度来确定触发时刻。当选择脉宽触发时。可以通过设定脉宽条件和脉冲宽度来捕捉异常脉冲。

③ 斜率触发：指把示波器设置为对指定时间的正斜率或负斜率触发。选择斜率触发时，还应设置斜率条件、斜率时间等，还可选择◎LEVEL钮调节LEVEL A、LEVEL B或同时调节

LEVEL A 和 LEVEL B。

④ 交替触发:在交替触发时,触发信号来自于两个垂直通道,此方式适用于同时观察两路不相关信号。在交替触发菜单中,可为两个垂直通道选择不同的触发方式、触发类型等。在交替触发方式下,两通道的触发电平等信息会显示在屏幕右上角状态栏。

⑤ 视频触发:选择视频触发后,可在 NTSC、PAL 或 SECAM 标准视频信号的场或行上触发。视频触发时触发耦合应设置为直流。

(2) 触发方式:触发方式有自动、普通和单次三种。

① 自动:自动触发方式下,示波器即使没有检测到触发条件也能采样波形。示波器在一定等待时间(该时间由时基设置决定)内没有触发条件发生时,将进行强制触发。当强制触发无效时,示波器虽显示波形,但不能使波形同步,即显示的波形不稳定。当有效触发发生时,显示的波形将稳定。

② 普通:普通触发方式下,示波器只有当触发条件满足时才能采样到波形。在没有触发时,示波器将显示原有波形而等待触发。

③ 单次:在单次触发方式下,按一次"运行"按钮,示波器等待触发,当示波器检测到一次触发时,采样并显示一个波形,然后采样停止。

(3) 触发设置

在 MEUN 功能菜单下,按 5 号键进入触发设置子菜单,可对与触发相关的选项进行设置。触发模式、触发方式、触发类型不同,可设置的触发选项也有所不同。此处不再赘述。

4. 采样系统的高级应用

在常用 MENU 控制区按 Acquire 键,弹出采样系统功能菜单。其选项和设置方法如图 1-5-15 所示。

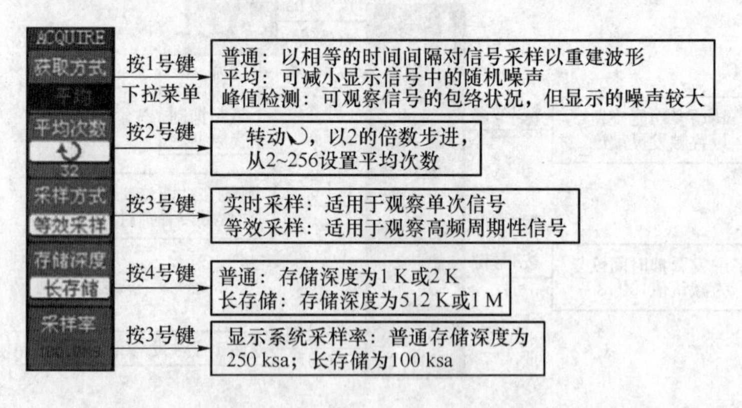

图 1-5-15 采样系统功能菜单

5. 存储和调出功能的高级应用

在常用 MENU 控制区按 STORAGE 键,弹出存储和调出功能菜单,如图 1-5-16 所示。通过该菜单及相应的下拉菜单和子菜单可对示波器内部存储区和 USB 存储设备上的波形和设置文件等进行保存、调出、删除操作,操作的文件名称支持中、英文输入。

存储类型选择"波形存储"时,其文件格式为 wfm,只能在示波器中打开;存储类型选择"位图存储"和"CSV 存储"时,还可以选择是否以同一文件名保存示波器参数文件(文本文件),"位图存储"文件格式是 bmp,可用图片软件在计算机中打开,"CSV 存储"文件为表格,

Excel 可打开,并可用其“图表导向”工具转换成需要的图形。

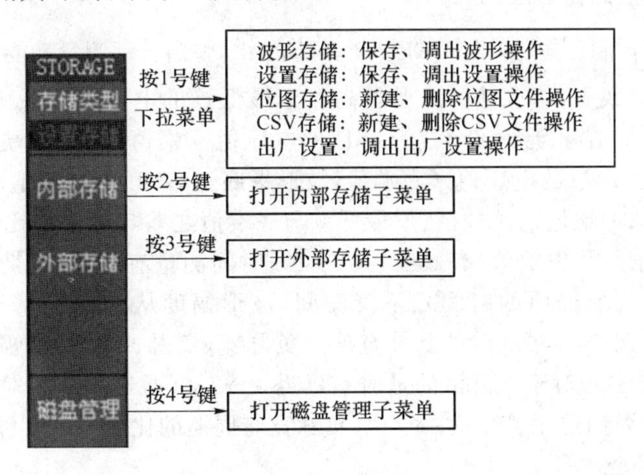

图 1-5-16　存储与调出功能菜单

“外部存储”只有在 USB 存储设备插入时,才能被激活进行存储文件的各种操作。

6. 辅助系统功能的高级应用

常用 MENU 控制区的 UTILITY 为辅助系统功能按键。在 UTILITY 按键弹出的功能菜单中,可以进行接口设置、打印设置、屏幕保护设置等,可以打开或关闭示波器按键声、频率计等,可以选择显示的语言文字、波特率值等,还可以进行波形的录制与回放等。

7. 显示系统的高级应用

在常用 MENU 控制区按 DISPLAY 键,弹出显示系统功能菜单。通过功能菜单控制区的 5 个按键及多功能旋钮可设置调整显示系统。如图 1-5-17 所示。

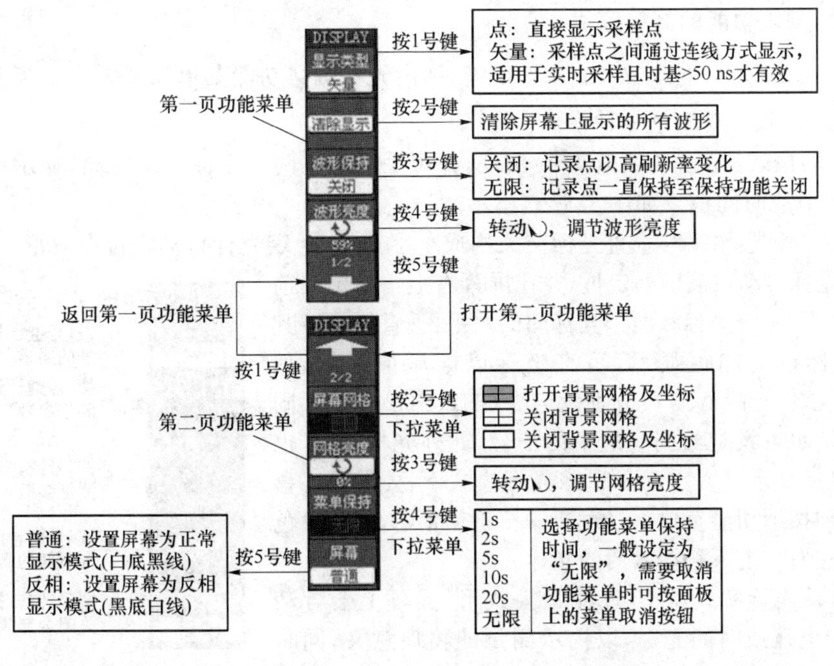

图 1-5-17　显示系统功能菜单、子菜单及设置选择

8. 自动测量功能的高级应用

在常用 MENU 控制区按 MEASURE（自动测量）键，弹出自动测量功能菜单，如图 1-5-18 所示。其中电压测量参数有：峰-峰值（波形最高点至最低点的电压值）、最大值（波形最高点至 GND 的电压值）、最小值（波形最低点至 GND 的电压值）、幅值（波形顶端至底端的电压值）、顶端值（波形平顶至 GND 的电压值）、底端值（波形平底至 GND 的电压值）、过冲（波形最高点与顶端值之差与幅值的比值）、预冲（波形最低点与底端值之差与幅值的比值）、平均值（1 个周期内信号的平均幅值）、均方根值（有效值）共 10 种；时间测量有频率、周期、上升时间（波形幅度从 10％上升至 90％所经历的时间）、下降时间（波形幅度从 90％下降至 10％所经历的时间）、正脉宽（正脉冲在 50％幅度时的脉冲宽度）、负脉宽（负脉冲在 50％幅度时的脉冲宽度）、延迟 1→2↑（通道 1、2 相对于上升沿的延时）、延迟 1→2↓（通道 1、2 相对于下降沿的延时）、正占空比（正脉宽与周期的比值）、负占空比（负脉宽与周期的比值）共 10 种。

自动测量操作方法如下：

（1）选择被测信号通道：根据信号输入通道不同，选择 CH1 或 CH2。按键顺序为：MEASURE→信源选择→CH1 或 CH2。

（2）获得全部测量数值：按键顺序为 MEASURE→信源选择→CH1 或 CH2→“5 号”菜单操作键，设置“全部测量”为打开状态。18 种测量参数值显示于屏幕下方。

（3）选择参数测量：按键顺序为 MEASURE→信源选择→CH1 或 CH2→“2 号”或“3 号”菜单操作键选择测量类型，转↺旋钮查找下拉菜单中感兴趣的参数并按下↺旋钮予以确认，所选参数的测量结果将显示在屏幕下方。

（4）清除测量数值：在 MEASURE 菜单下，按 4 号功能菜单操作键选择清除测量。此时，屏幕下方所有测量值即消失。

9. 光标测量功能的高级应用

按下常用 MENU 控制区 CURSOR 键，弹出光标测量功能菜单如图 1-5-19 所示。光标测量有手动、追踪和自动测量三种模式。

（1）手动模式：光标 X 或 Y 成对出现，并可手动调整两个光标间的距离，显示的读数即为测量的电压值或时间值。如图 1-5-20 所示。

（2）追踪模式：水平与垂直光标交叉构成十字光标，十字光标自动定位在波形上，转动多功能旋钮↺，光标自动在波形上定位，并在屏幕右上角显示当前定位点的水平、垂直坐标和两个光标间的水平、垂直增量。其中，水平坐标以时间值显示，垂直坐标以电压值显示，如图 1-5-21所示。光标 A、B 可分别设定给 CH1、CH2 两个不同通道的信号，也可设定给同一通道的信号，此外光标 A、B 也可选择无光标显示。在手动和追踪光标模式下，要转动↺移动光标，必须按下功能菜单项目对应的按键激活↺，使↺底色变白，才能左右或上下移动激活的光标。

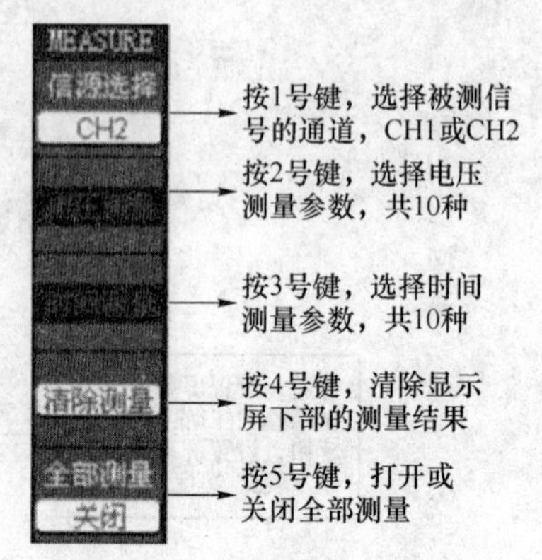

图 1-5-18　自动测量功能菜单

（3）自动测量模式：在自动测量模式下，屏幕上会自动显示对应的电压或时间光标，以揭示测量的物理意义，同时系统还会根据信号的变化，自动调整光标位置，并计算相应

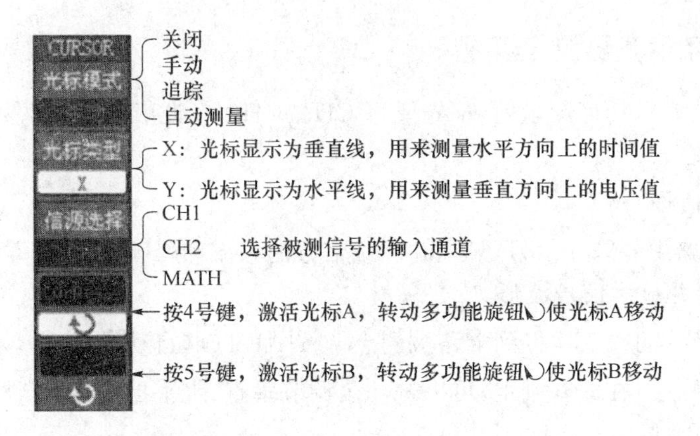

图 1-5-19　光标测量功能菜单

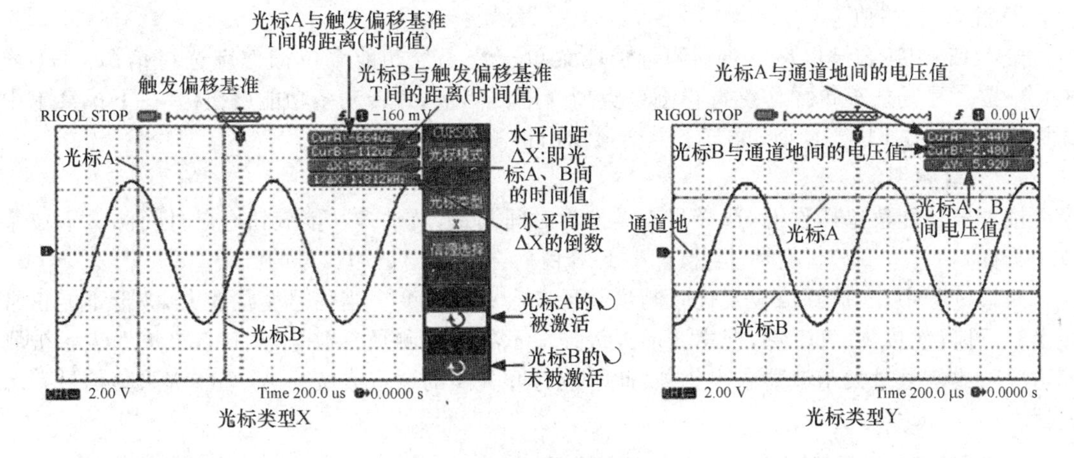

图 1-5-20　手动模式测量显示图

的参数值。如图 1-5-22 所示。光标自动测量模式显示当前自动测量参数所应用的光标。若没有在 MEASURE 菜单下选择任何自动测量参数，将没有光标显示。

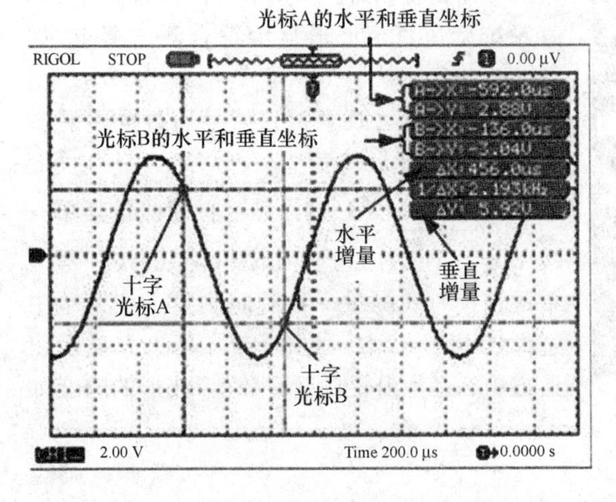

图 1-5-21　光标追踪测量模式显示图

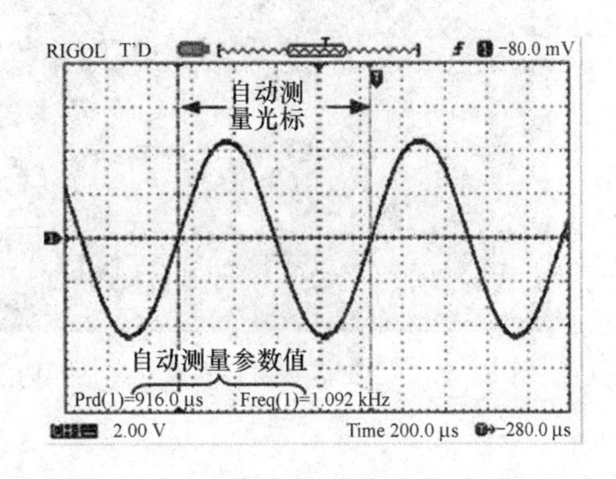

图 1-5-22　周期、频率自动测量光标显示图

1.5.3 数字示波器测量实例

用数字示波器进行任何测量前，都先要将CH1、CH2探头菜单衰减系数和探头上的开关衰减系数设置一致。

1. 测量简单信号

例如：观测电路中一未知信号，显示并测量信号的频率和峰-峰值。其方法和步骤如下。

（1）正确捕捉并显示信号波形

将CH1或CH2的探头连接到电路被测点。按 AUTO（自动设置）键，示波器将自动设置使波形显示达到最佳。在此基础上，可以进一步调节垂直、水平挡位，直至波形显示符合要求。

（2）进行自动测量

示波器可对大多数显示信号进行自动测量。现以测量信号的频率和峰-峰值为例。

① 测量峰-峰值

按MEASURE键以显示自动测量功能菜单→按1号功能菜单操作键选择信源CH1或CH2→按2号功能菜单操作键选择测量类型为电压测量，并转动多功能旋钮，在下拉菜单中选择峰-峰值，按下。此时，屏幕下方会显示出被测信号的峰-峰值。

② 测量频率

按3号功能菜单操作键，选择测量类型为时间测量，转动多功能旋钮在时间测量下拉菜单中选择频率，按下。此时，屏幕下方峰-峰值后会显示出被测信号的频率。

测量过程中，当被测信号变化时测量结果也会跟随改变。当信号变化太大，波形不能正常显示时，可再次按AUTO键，搜索波形至最佳显示状态。测量参数等于"※※※※"，表示被测通道关闭或信号过大示波器未采集到，此时应打开关闭的通道或按下AUTO键采集信号到示波器。

2. 观测正弦信号通过电路产生的延迟和畸变

（1）显示输入、输出信号

将电路的信号输入端接于CH1，输出端接于CH2。按下 AUTO（自动设置）键，自动搜索被测信号并显示在显示屏上。调整水平、垂直系统旋钮直至波形显示符合测试要求，如图1-5-23所示。

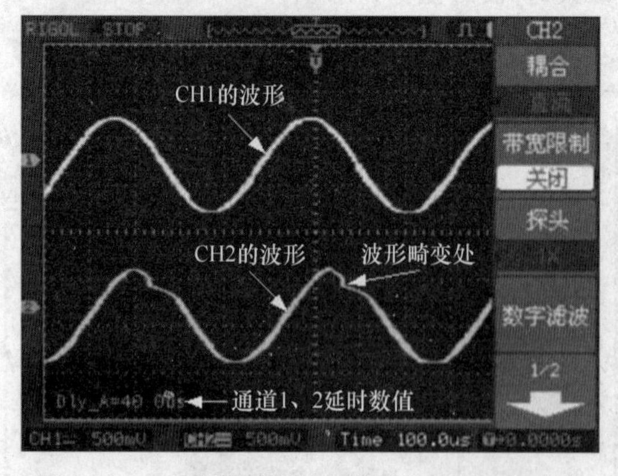

图1-5-23 正弦信号通过电路产生的延时和畸变

（2）测量并观察正弦信号通过电路后产生的延时和波形畸变

按 MEASURE 键以显示自动测量菜单→按1号菜单操作键选择信源CH1→按3号菜单键选择时间测量→在时间测量下拉菜单中选择延迟1→2↑。此时，在屏幕下方显示出通道1,2在上升沿的延时数值，波形的畸变如图1-5-23所示。

3. 捕捉单次信号

用数字示波器可以快速方便地捕捉脉冲、突发性毛刺等非周期性的信号。要捕捉一个单次信号，先要对信号有一定的了解，以正确设置触发电平和触发沿。例如，若脉冲是 TTL 电平的逻辑信号，触发电平应设置为 2 V，触发沿应设置成上升沿。如果对信号的情况不确定，则可以通过自动或普通触发方式先对信号进行观察，以确定触发电平和触发沿。捕捉单次信号的具体操作步骤和方法如下。

(1) 按触发(TRIGGER)控制区 MENU 键，在触发系统功能菜单下分别按 1～5 号菜单操作键设置触发类型为边沿触发、边沿类型为上升沿、信源选择为 CH1 或 CH2、触发方式为单次、触发设置→耦合为直流。

(2) 调整水平时基和垂直衰减挡位至适合的范围。

(3) 旋转触发(TRIGGER)控制区◎LEVEL 旋钮，调整适合的触发电平。

(4) 按 RUN/STOP 执行钮，等待符合触发条件的信号出现。如果有某一信号达到设定的触发电平，即采样一次，并显示在屏幕上。

(5) 旋转水平控制区(HORIZONTAL)◎POSITION 旋钮，改变水平触发位置，以获得不同的负延迟触发，观察毛刺发生之前的波形。

4. 应用光标测量 Sinc 函数($\text{Sinc}\ x=\dfrac{\sin x}{x}$)信号波形

示波器自动测量的 20 种参数都可以通过光标进行测量。现以 Sinc 函数信号波形测量为例，说明光标测量方法。

(1) 测量 Sinc 函数信号第一个波峰的频率

按 CURSOR 键以显示光标测量功能菜单。按 1 号菜单操作键设置光标模式为手动。按 2 号菜单操作键设置光标类型为 X。如图 1-5-24 所示，按 4 号菜单操作键，激活光标 CurA，转动↺将光标 A 移动到 Sinc 波形的第一个峰值处。按 5 号菜单操作键，激活光标 CurB，转动↺将光标 B 移动到 Sinc 波形的第二个峰值处。此时，屏幕右上角显示出光标 A、B 处的时间值、时间增量和 Sinc 波形的频率。

(2) 测量 Sinc 函数信号第一个波峰的峰-峰值

如图 1-5-25 所示，按 CURSOR 键以显示光标测量功能菜单。按 1 号菜单操作键设置光标模式为手动。按 2 号菜单操作键设置光标类型为 Y。分别按 4、5 号菜单操作键，激活光标 CurA、CurB，转动↺将光标 A、B 移动到 Sinc 波形的第一、第二个峰值处。屏幕右上角显示出光标 A、B 处的电压值和电压增量即 Sinc 函数信号波形的峰-峰值。

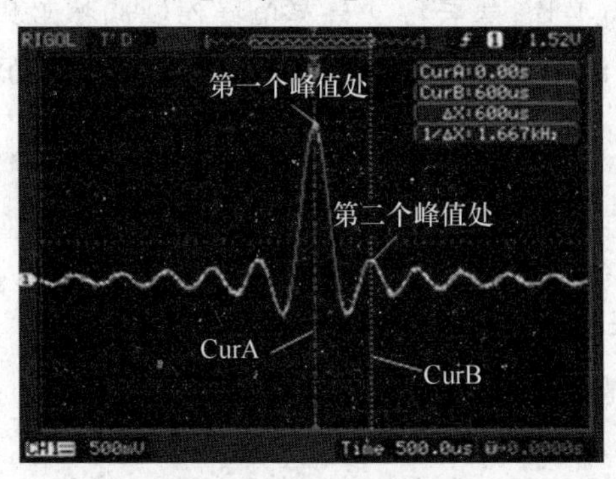

图 1-5-24　测量 Sinc 信号第一个波峰的频率

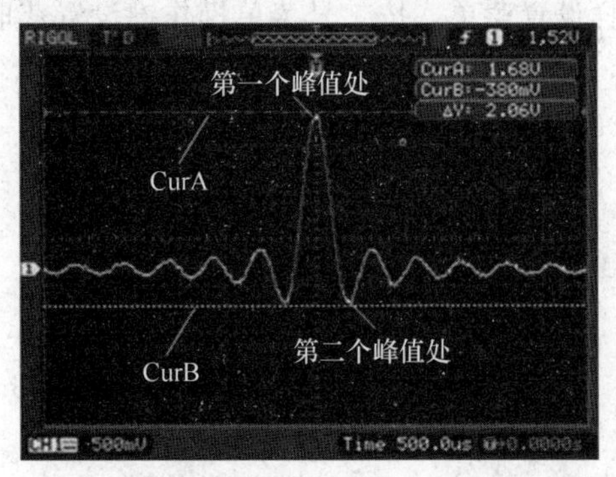

图 1-5-25　测量 Sinc 信号第一个波峰的峰-峰值

5. 使用光标测定 FFT 波形参数

使用光标可测定 FFT 波形的幅度(以 Vrms 或 dBVrms 为单位)和频率(以 Hz 为单位),如图 1-5-26 所示,具体操作方法如下。

(1) 按 MATH 键弹出 MATH 功能菜单。按 1 号键打开“操作”下拉菜单,转动⟲选择 FFT 并按下⟲确认。此时,FFT 波形便出现在显示屏上。

(2) 按 CURSOR 键显示光标测量功能菜单。按 1 号键打开“光标模式”下拉菜单并选择“手动”类型。

(3) 按 2 号菜单操作键,选择光标类型为 X 或 Y。

(4) 按 3 号菜单操作键,选择信源为 FFT,菜单将转移到 FFT 窗口。

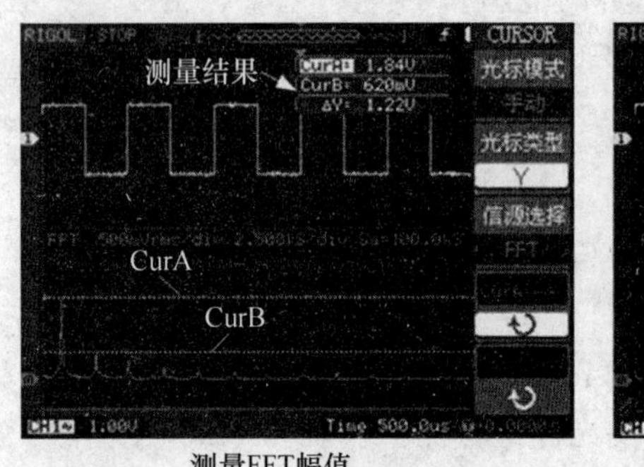

测量FFT幅值　　　　测量FFT频率

图 1-5-26　光标测量 FFT 的幅值和频率

(5) 转动多功能旋钮⟲,移动光标至感兴趣的波形位置,测量结果显示于屏幕右上角。

6. 减少信号随机噪声的方法

如果被测信号上叠加了随机噪声,可以通过调整示波器的设置,滤除和减小噪声,避免其在测量中对本体信号的干扰。其方法如下。

(1) 设置触发耦合改善触发:按下触发(TRIGGER)控制区 MENU 键,在弹出的触发设置菜单中将触发耦合选择为低频抑制或高频抑制。低频抑制可滤除 8 kHz 以下的低频信号分量,允许高频信号分量通过;高频抑制可滤除 150 kHz 以上的高频信号分量,允许低频信号分量通过。通过设置低频抑制或高频抑制可以分别抑制低频或高频噪声,以得到稳定的触发。

(2) 设置采样方式和调整波形亮度减少显示噪声:按常用 MENU 区 ACQUIRE 键,显示采样设置菜单。按 1 号菜单操作键设置获取方式为平均,然后按 2 号菜单操作键调整平均次数,依次由 2～256 以 2 倍数步进,直至波形的显示满足观察和测试要求。转动⟲旋钮降低波形亮度以减少显示噪声。

思考与练习

1. 数字示波器操作面板各大区有哪些按键、开关和旋钮?其作用分别是什么?
2. 熟悉数字示波器显示界面各区域显示的标志及数字的含义。
3. 简述数字示波器的操作要领。
4. 探头衰减系数有何意义?对探头衰减系数有什么要求?怎样设置探头衰减系数?

5. AUTO（自动设置）和 RUN/STOP（运行/停止）按钮的作用分别是什么？

6. 怎样使显示的波形上、下移动？怎样使显示的波形位移回零？

7. 怎样调整波形在垂直方向显示的幅度即“Volt/div（伏/格）”？

8. 怎样选择和关闭通道？通道耦合方式有几种？其意义分别是什么？怎样选择和设定通道耦合方式？

9. 怎样调整信号波形在显示窗口的水平位置？怎样改变波形显示窗口显示的波形多少即秒/格（s/div）？怎样使触发位置回到屏幕中心位置？

10. 延迟扫描的意义上什么？怎样打开和关闭延迟扫描？

11. 怎样测量信号电压的峰-峰值和有效值？怎样测量信号的频率？怎样测量信号的全部参数值？

12. 用手动光标模式测量正弦信号的周期、频率和幅值。

13. 用光标追踪模式测量交流信号并指出测量值的含义。

1.6　直流稳定电源

直流稳定电源包括恒压源和恒流源。恒压源的作用是提供可调直流电压，其伏安特性十分接近理想电压源；恒流源的作用是提供可调直流电流，其伏安特性十分接近理想电流源。直流稳定电源的种类和型号很多，有独立制作的恒压源和恒流源，也有将两者制成一体的直流稳定电源，但它们的一般功能和使用方法大致相同。现以 HH 系列双路带 5V3A 可调直流稳定电源为例介绍直流稳定电源的工作原理和使用方法。

1.6.1　直流稳定电源的基本组成和工作原理

HH 系列双路带 5V3A 可调直流稳定电源采用开关型和线性串联双重调节，具有输出电压和电流连续可调，稳压和稳流自动转换，自动限流，短路保护和自动恢复供电等功能。双路电源可通过前面板开关实现两路电源独立供电、串联跟踪供电、并联供电三种工作方式。其结构和工作原理框图如图 1-6-1 所示。它主要由变压器、交流电压转换电路、整流滤波电路、调整电路、输出滤波器、取样电路、CV 比较电路、CC 比较电路、基准电压电路、数码显示电路和供电电路等组成。

（1）变压器：变压器的作用是将 220 V 的交流市电转变成多规格交流低电压。

（2）交流电压转换电路：交流电压转换电路主要由运算放大器组成模/数转换控制电路。其作用是将电源输出电压转换成不同数码，通过驱动电路控制继电器动作，达到自动换挡的目的。随着输出电压的变化，模/数转换器输出不同的数码，控制继电器动作，及时调整送入整流滤波电路的输入电压，以保证电源输出电压大范围变化时，调整管两端电压值始终保持在最合理的范围内。

（3）整流滤波电路：将交流低电压进行整流和滤波变成脉动很小的直流电。

（4）调整电路：该电路为串联线性调整器。其作用是通过比较放大器控制调整管，使输出电压/电流稳定。

（5）输出滤波器：其作用是将输出电路中的交流分量进行滤波。

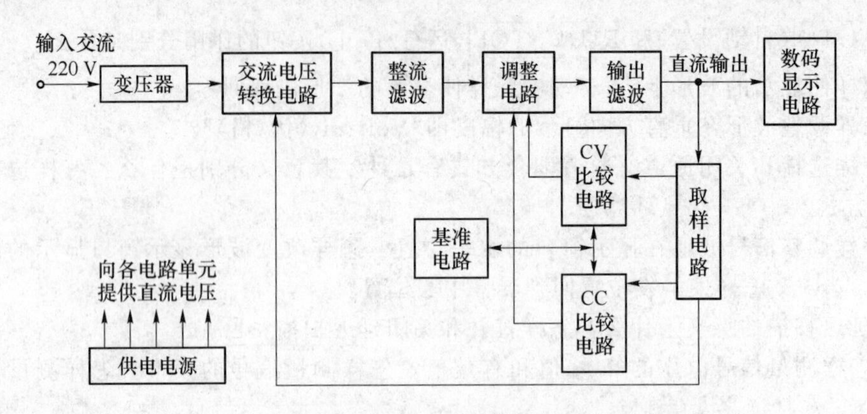

图 1-6-1　HH 系列直流稳定电源结构和工作原理框图

(6) 取样电路:对电源输出的电压和电流进行取样,并反馈给 CV 比较电路、CC 比较电路、交流电压转换电路等。

(7) CV 比较电路:该电路可以预置输出电流,当输出电流小于预置电流时,电路处于稳压状态,CV 比较放大器处于控制优先状态。当输入电压或负载变化时,输出电压发生相应变化,此变化经取样电阻输入到比较放大器、基准电压比较放大器等电路,并控制调整管,使输出电压回到原来的数值,达到输出电压恒定的效果。

(8) CC 比较电路:当负载变化输出电流大于预置电流时,CC 比较电路处于控制优先状态,对调整管起控制作用。当负载增加使输出电流增大时,比较电阻上的电压降增大,CC 比较比较输出低电平,使调整管电流趋于原来值,恒定在预置的电流上,达到输出电流恒定的效果,以保护电源和负载。

(9) 基准电压电路:提供基准电压。

(10) 数码显示电路:将输出电压或电流进行模/数转换并显示出来。

(11) 供电电路:为仪器的各部分电路提供直流电压。

1.6.2　直流稳定电源的使用方法

1. HH 系列双路带 5V3A 直流稳定电源操作面板简介

HH 系列双路带 5V3A 直流稳定电源输出电压为 0～30 V 或 0～50 V,输出电流为 0～2 A或 0～3 A,输出电压/电流从零到额定值均连续可调;固定输出端输出电压为 5 V,输出电流为 3 A。电压/电流值采用 $3\frac{1}{2}$位 LED 数字显示,并通过开关切换电压/电流显示。HH 系列双路带 5V3A 直流稳定电源面板开关、旋钮位置如图 1-6-2 所示。从动(左)路与主动(右)路电源的开关和旋钮基本对称布置,其功能如下。

(1) 从动(左)路 LED 电压/电流显示窗。

(2) 从动(左)路电压/电流显示切换开关(OUTPUT):按下此开关显示从动(左)路电流值;弹出则显示电压值。

(3) 从动(左)路恒压输出指示(CV)灯:此灯亮,从动(左)路为恒压输出。

(4) 从动(左)路恒流输出指示(CC)灯:此灯亮时,从动(左)路为恒流输出。

(5) 从动(左)路输出电流调节旋钮(CURRENT):可调节从动(左)路输出电流大小。

(6) 从动(左)路输出电压细调旋钮(FINE)。

(7) 5V3A 固定输出端。

(8) 从动(左)路输出电压粗调旋钮(COARSE)。

(9) 从动(左)路电源输出端:共三个接线端,分别为电源输出正(+),电源输出负(-)和接地端(GND)。接地端与机壳、电源输入地线连接。

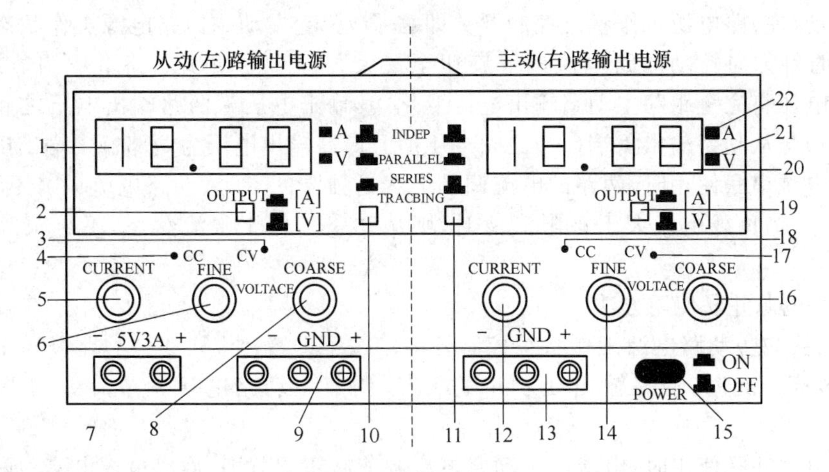

图 1-6-2　HH 系列直流稳定电源操作面板

(10) 从动(左)路电源工作状态控制开关。

(11) 主动(右)路电源工作状态控制开关。

(12) 主动(右)路输出电流调节旋钮(CURRENT):可调节主动(右)路输出电流大小。

(13) 主动(右)路电源输出端。接线端与从动(左)路相同。

(14) 主动(右)路输出电压细调旋钮(FINE)。

(15) 电源开关:按下为开机(ON);弹出为关机(OFF)。

(16) 主动(右)路输出电压粗调旋钮(COARSE)。

(17) 主动(右)路恒压输出指示(CV)灯:此灯亮,主动(右)路为恒压输出。

(18) 主动(右)路恒流输出指示(CC)灯:此灯亮,主动(右)路为恒流输出。

(19) 主动(右)路电压/电流显示切换开关(OUTPUT):按下此开关显示主动(右)路电流值;弹出则显示电压值。

(20) 主动(右)路 LED 电压/电流显示窗。

(21) 显示状态及数值的单位指示灯:此灯亮,显示数值为电压值,单位为"V"。

(22) 显示状态及数值的单位指示灯:此灯亮,显示数值为电流值,单位为"A"。

2. HH 系列双路带 5V3A 直流稳定电源使用方法

(1) 双路电源独立使用方法

① 将主(右)、从(左)动路电源工作状态控制开关 10、11 分别置于弹起位置(■),使主、从动输出电路均处于独立工作状态。

② 恒压输出调节:将电流调节旋钮顺时针方向调至最大,电压/电流显示开关置于电压显示状态(弹起■),通过电压粗调旋钮和细调旋钮的配合将输出电压调至所需电压值,CV 灯常亮,此时直流稳定电源工作于恒压状态。如果负载电流超过电源最大输出电流,CC 灯亮,则电源自动进入恒流(限流)状态,随着负载电流的增大,输出电压会下降。

③ 恒流输出调节:按下电压/电流显示开关,将其置于电流显示状态(■)。逆时针转动

电压调节旋钮至最小。调节输出电流调节旋钮至所需电流值，再将电压调节旋钮调至最大，接上负载，CC 灯亮。此时直流稳定电源工作于恒流状态，恒流输出电流为调节值。

如果负载电流未达到调节值时，CV 灯亮，此时直流稳定电源还是工作于恒压状态。

（2）双路电源串联（两路电压跟踪）使用方法

按下从动（左）路电源工作状态控制开关即▄位，弹起主动（右）路电源工作状态控制开关即■位。顺时针方向转动两路电流调节旋钮至最大。调节主动（右）路电压调节旋钮，从动（左）路输出电压将完全跟踪主动路输出电压变化，其输出电压为两路输出电压之和即主动路输出正端（＋）与从动路输出负端（－）之间电压值。最高输出电压为两路额定输出电压之和。

当两路电源串联使用时，两路的电流调节仍然是独立的，如从动路电流调节不在最大，而在某限流值上，当负载电流大于该限流值时，则从动路工作于限流状态，不再跟踪主动路的调节。

（3）两路电源并联使用方法

主（右）、从（左）动路电源工作状态控制开关均按下即▄位，从动（左）路电源工作状态指示灯（CC 灯）亮。此时，两路输出处于并联状态，调节主动路电压调节旋钮即可调节输出电压。

当两路电源并联使用时，电流由主动路电流调节旋钮调节，其输出最大电流为两路额定电流之和。

3. HH 系列双路带 5V3A 直流稳定电源使用注意事项

（1）两路输出负（－）端与接地（GND）端不应有连接片，否则会引起电源短路。

（2）连接负载前，应调节电流调节旋钮使输出电流大于负载电流值，以有效保护负载。

思考与练习

1. 熟悉 HH 系列双路带 5V3A 直流稳定电源操作面板上各旋钮和按键的作用和操作。
2. 掌握 HH 系列双路带 5V3A 直流稳定电源的使用方法和注意事项。

第2章 常用电子器件的识别与测试

2.1 电 阻 器

电阻器(简称电阻)是电气、电子设备中用的最多的基本器件之一,主要用于控制盒调节电路中的电流和电压,用作消耗电能的负载,或用作电路中的阻抗匹配、阻容滤波等。

2.1.1 电阻器的种类

电阻器的种类很多,按结构可分为固定电阻、可变电阻和特种电阻;按材料和工艺可分为碳膜电阻、实心电阻、线绕电阻等。

在电子产品中,固定电阻应用最多。可变电阻主要有滑线式变阻器和电位器两种,常用于调节电路。特种电阻器有光敏电阻、热敏电阻、压敏电阻、气敏电阻等。它们均是利用材料的电阻率随物理量变换而变化的特性制成,多用于控制电路。目前新型的电阻多采用贴片电阻,具有体积小、质量轻、性能优良、温度系数小、阻值稳定、可靠性强等优点,但其功率一般都不大。

2.1.2 电阻器的主要性能指标

电阻器的主要性能指标有标称阻值、容许误差、额定功率、温度系数、最大工作电压、噪声等。一般在选用电阻器时,仅考虑标称阻值、容许误差及额定功率等 3 项参数,其他各项参数只在有特殊要求的情况下才考虑。

1. 标称阻值

电阻器的标称阻值即电阻器表面所标注的阻值。一般有两种标注方法:直标法和色标法(固定电阻器用)。直标法就是用数字直接标注在电阻上,如图 2-1-1 所示。

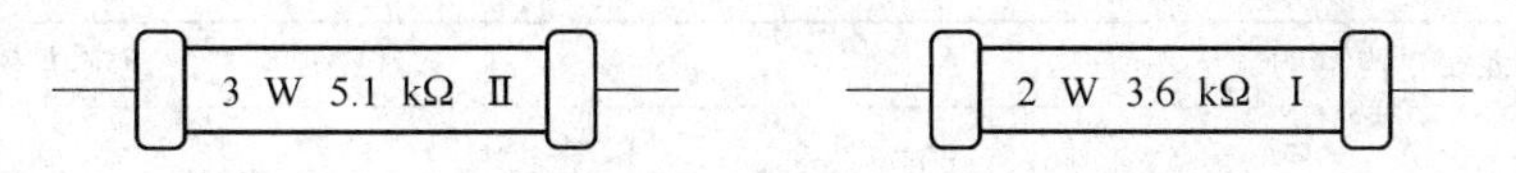

图 2-1-1 直标法电阻器

色标法是用不同颜色的色环来表示电阻的阻值和误差。色标法一般有两种表示法:一种是阻值为三位有效数字,共五个色环;另一种是阻值为两位有效数字,共四个色环。色标法表示的单位为欧姆。图 2-1-2 所示为四色标和五色标电阻器表示方法，各色环颜色所代表的含义如表 2-1-1 所示。例如某电阻器的第一、二、三、四色环分别为棕、红、红、金色，则其阻值为 $12\times10^2=1.2\ \text{k}\Omega$ 误差为±5%，误差表示电阻数值，在标准值 1 200 上下波动(5%×1 200)都表示此电阻是可以接受的，即在 1 140～1 260 之间都是好的电阻；某电阻器的色环读序是棕、黑、黑、黄、棕，则其值为 $100\times10^4\ \Omega=1\ \text{M}\Omega$，误差为 1%。

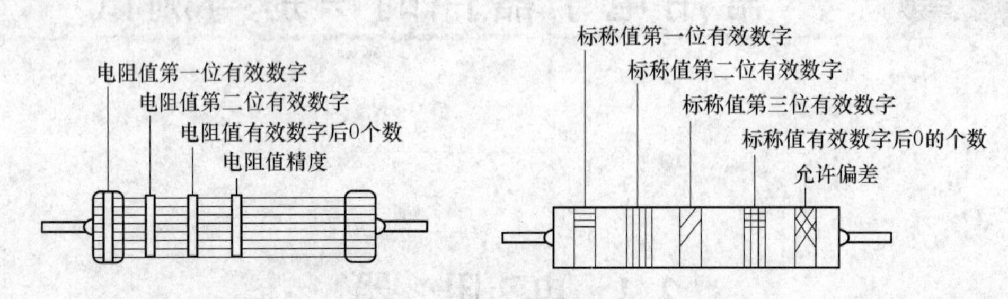

图 2-1-2　色标法电阻器

表 2-1-1　色环颜色的含义

颜色	银	金	黑	棕	红	橙	黄	绿	蓝	紫	灰	白	无
有效数字	—	—	0	1	2	3	4	5	6	7	8	9	—
数量级	10^{-2}	10^{-1}	10^0	10^1	10^2	10^3	10^4	10^5	10^6	10^7	10^8	10^9	—
允许偏差(%)	±10	±5		±1	±2			±0.5	±5	±5			±20

另外，电阻阻值的标注采用文字符号法和数码法。文字符号法通常表示有小数点的电阻阻值，如 5R1 表示 5.1 Ω、Ω33 表示 0.33 Ω、3 kΩ 表示 3.3 kΩ 等；数码法如 102 表示 1 000 Ω、473 表示 47 000 Ω 等。

2. 容许误差

电阻器的容许误差是指电阻器的实际阻值相对于标称值的最大容许误差范围。容许误差越小，电阻器的精度越高。电阻器的常见容许误差有±5%、±10%和±20%三个等级。

3. 额定功率

电阻器的额定功率是在规定的环境温度和湿度下，假定周围空气不流通，在长期连续负载而不损坏或基本不改变性能的情况下，电阻器上允许消耗的最大功率。当超过额定功率时，电阻器的阻值将发生变化，甚至发热烧毁。一般有两种标志方法：2 W 以上的电阻器，直接用数字印在电阻体上；2 W 以下的电阻器，以自身体积的大小来表示功率。为保证安全实际选用时，一般选其额定功率比它在电路中消耗的功率高 1～2 倍。表 2-1-2 所示为电阻器的额定功率系列。

表 2-1-2　电阻器的额定功率

线绕电阻器的额定功率									非线绕电阻器的额定功率								
0.05	0.125	0.25	0.5	1	2	4	8	12	0.05	0.125	0.25	0.5	1	2	5	10	25
16	25	45	50	75	100	150	250	500	50	100							

2.1.3　电阻器的选取及测试

选用电阻时，除了考虑它的参数、阻值及功率外，还要考虑电阻器的结构与工艺特点。

测量电阻的方法很多，可用万用表、电阻表、电阻电桥和数字电阻表来等直接测量，也可根据欧姆定理 $R=U/I$，通过测量流过电阻的电流 I 及电阻上的压降来计算出电阻值。常用电阻器的结构与特点如表 2-1-3 所示。

表 2-1-3　常用电阻器的结构与特点

电阻器的类别	型号	应用特点
碳膜电阻器	RT 型	性能一般，价格便宜，大量应用于普通电路中
金属膜电阻器	RJ 型	与碳膜电阻相比，体积小，噪声低，稳定性好；但成本高，多用于要求较高的电路中
金属氧化膜电阻器	RY 型	与金属膜电阻器相比，性能可靠，过载能力强，功率大
实心碳质电阻器	RS 型	过载能力强，可靠性较高；但噪声大，精度差，分布电容电感大，不适用于要求较高的电路
绕线电阻器	RX 型	阻值精确，功率范围大，工作稳定可靠，噪声小，耐热性能好，主要用于精密和大功率场合；但其体积较大高频性能差，时间常数大，电感较大，不适用于高频电路
碳膜电位器	WT 型	阻值变化和中间触头位置的关系有直线式、对数式和指数式 3 种，并有大型、小型、微型集中，有的和开关组成带开关电位器。碳膜电位器应用广泛
绕线电位器	WX 型	用电阻丝在环状骨架上绕制而成，其特点是阻值变化范围小，寿命长，功率大

2.2　电　容　器

电容是电子设备中大量使用的电子元件之一，广泛应用于隔直、耦合、旁路、滤波、调谐回路、能量转换、控制电路等方面。

2.2.1　电容的作用

电容器的基本作用就是充电与放电，但由这种基本充放电作用所延伸出来的许多电路现象，使得电容器有着种种不同的用途，例如在电动马达中，我们用它来产生相移；在照相闪光灯中，用它来产生高能量的瞬间放电等；而在电子电路中，电容器不同性质的用途尤其多，这许多不同的用途，虽然也有截然不同之处，但因其作用均来自充电与放电。下面是一些电容的作用列表。

耦合电容：用在耦合电路中的电容称为耦合电容，在阻容耦合放大器和其他电容耦合电路中大量使用这种电容电路，起隔直流通交流作用。

滤波电容：用在滤波电路中的电容器称为滤波电容，在电源滤波和各种滤波器电路中使用这种电容电路，滤波电容将一定频段内的信号从总信号中去除。

退耦电容：用在退耦电路中的电容器称为退耦电容，在多级放大器的直流电压供给电路中使用这种电容电路，退耦电容消除每级放大器之间的有害低频交连。

高频消振电容：用在高频消振电路中的电容称为高频消振电容，在音频负反馈放大器中，为了消振可能出现的高频自激，采用这种电容电路，以消除放大器可能出现的高频啸叫。

谐振电容：用在 LC 谐振电路中的电容器称为谐振电容，LC 并联和串联谐振电路中都需要这种电容电路。

旁路电容：用在旁路电路中的电容器称为旁路电容，电路中如果需要从信号中去掉某一频段的信号，可以使用旁路电容电路，根据所去掉信号频率不同，有全频域（所有交流信号）旁路电容电路和高频旁路电容电路。

中和电容：用在中和电路中的电容器称为中和电容。在收音机高频和中频放大器，电视机高频放大器中，采用这种中和电容电路，以消除自激。

定时电容：用在定时电路中的电容器称为定时电容。在需要通过电容充电、放电进行时间控制的电路中使用定时电容电路，电容起控制时间常数大小的作用。

积分电容：用在积分电路中的电容器称为积分电容。在电视场扫描的同步分离级电路中，采用这种积分电容电路，以从行场复合同步信号中取出场同步信号。

微分电容：用在微分电路中的电容器称为微分电容。在触发器电路中为了得到尖顶触发信号，采用这种微分电容电路，以从各类（主要是矩形脉冲）信号中得到尖顶脉冲触发信号。

补偿电容：用在补偿电路中的电容器称为补偿电容，在卡座的低音补偿电路中，使用这种低频补偿电容电路，以提升放音信号中的低频信号，此外，还有高频补偿电容电路。

自举电容：用在自举电路中的电容器称为自举电容，常用的 OTL 功率放大器输出级电路采用这种自举电容电路，以通过正反馈的方式少量提升信号的正半周幅度。

分频电容：在分频电路中的电容器称为分频电容，在音箱的扬声器分频电路中，使用分频电容电路，以使高频扬声器工作在高频段，中频扬声器工作在中频段，低频扬声器工作在低频段。

2.2.2 电容的分类

电容按其电容量是否可调分为固定电容器、半可变电容器、可变电容器三种。按其所用介质分为金属化纸介质电容器、钽电解电容器、云母电容器、薄膜介质电容器、瓷介电容器。几种常用电容器的外形如图 2-2-1 所示。

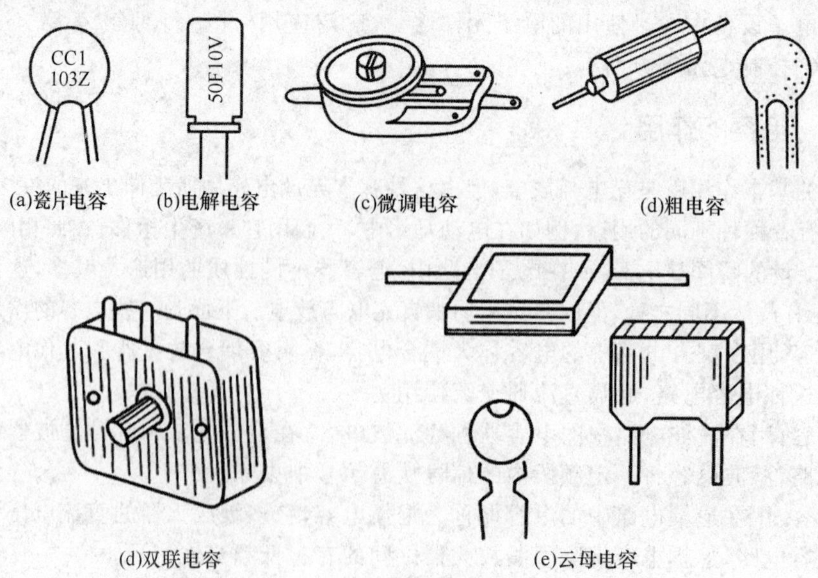

图 2-2-1 常用电容外形图

2.2.3　电容器的主要技术指标

(1) 电容器的耐压

常用固定式电容的直流工作电压系列为：6.3 V，10 V，16 V，25 V，40 V，63 V，100 V，160 V，250 V，400 V。

(2) 电容器容许误差等级

常见的有 7 个等级如表 2-2-1 所示。

表 2-2-1　电容容许误差等级

容许误差	±2%	±5%	±10%	±20%	+20% −30%	+50% −20%	+100% −10%
级别	0.2	Ⅰ	Ⅱ	Ⅲ	Ⅳ	Ⅴ	Ⅵ

电容常用字母代表误差：B：±0.1%，C：±0.25%，D：±0.5%，F：±1%，G：±2%，J：±5%，K：±10%，M：±20%，N：±30%，Z：+80%−20%。

(3) 标称电容量

标称电容量如表 2-2-2 所示。

表 2-2-2　电容标称量

系列代号	E24	E12	E6
容许误差	±5%(Ⅰ)或(J)	±10%(Ⅱ)或(K)	±20%(Ⅲ)或(m)
标称容量对应值	10,11,12,13,15,16,18,20,22,24,27,30,33,36,39,43,47,51,56,62,68,75,82,90	10,12,15,18,22,27,33,39,47,56,68,82	10,15,22,23,47,68

注：标称电容量为表中数值或表中数值再乘以 10^n，其中 n 为正整数或负整数，单位为 pF。

2.2.4　电容器的标志方法

(1) 直标法

容量单位：F(法拉)、μF(微法)、nF(纳法)、pF(皮法或微微法)。1 法拉＝10^6 微法＝10^{12} 微微法，1 微法＝10^3 纳法＝10^6 微微法。

例如：4n7 表示 4.7 nF 或 4 700 pF，0.22 表示 0.22 μF，51 表示 51 pF。

有时用大于 1 的两位以上的数字表示单位为 pF 的电容，例如 101 表示 100 pF；用小于 1 的数字表示单位为 μF 的电容，例如 0.1 表示 0.1 μF。

有些电容用“R”表示小数点，如 R56 表示 0.56 微法。

(2) 数码表示法

一般用三位数字来表示容量的大小，单位为 pF。前两位为有效数字，后一位表示位率。即乘以 10^n，n 为第三位数字，若第三位数字 9，则乘 10^9。如 223J 代表 22×10^3 pF＝22 000 pF＝0.22 μF，允许误差为±5%；又如 479K 代表 47×10^9 pF，允许误差为±5%的电容。这种表示方法最为常见。

(3) 色码表示法

这种表示法与电阻器的色环表示法类似,颜色涂于电容器的一端或从顶端向引线排列。色码一般只有三种颜色,前两环为有效数字,第三环为位率,单位为 pF。有时色环较宽,如红红橙,两个红色环涂成一个宽的,表示 22 000 pF。

2.2.5 电容的选用及测试

1. 铝电解电容器

铝电解电容器是用浸有糊状电解质的吸水纸夹在两条铝箔中间卷绕而成,薄的化氧化膜作介质的电容器。因为氧化膜有单向导电性质,所以电解电容器具有极性。容量大,能耐受大的脉动电流,容量误差大,泄漏电流大;普通的不适于在高频和低温下应用,不宜使用在 25 kHz 以上频率低频旁路、信号耦合、电源滤波。

电容量:0.47～10 000 μF。

额定电压:6.3～450 V。

主要特点:体积小,容量大,损耗大,漏电大。

应用:电源滤波、低频耦合、去耦、旁路等。

2. 钽电解电容器(CA)和铌电解电容器(CN)

用烧结的钽块作正极,电解质使用固体二氧化锰温度特性、频率特性和可靠性均优于普通电解电容器,特别是漏电流极小,贮存性良好,寿命长,容量误差小,而且体积小,单位体积下能得到最大的电容电压乘积对脉动电流的耐受能力差,若损坏易呈短路状态超小型高可靠机件中。

电容量:0.1～1 000 μF。

额定电压:6.3～125 V。

主要特点:损耗、漏电小于铝电解电容。

应用:在要求高的电路中代替铝电解电容。

3. 薄膜电容器

薄膜电容器的结构与纸质电容器相似,但用聚酯、聚苯乙烯等低损耗塑材作介质频率特性好,介电损耗小不能做成大的容量,耐热能力差滤波器、积分、振荡、定时电路。

(1) 聚酯(涤纶)电容(CL)

电容量:40 pF～4 μF。

额定电压:63～630 V。

主要特点:小体积,大容量,耐热耐湿,稳定性差。

应用:对稳定性和损耗要求不高的低频电路。

(2) 聚苯乙烯电容(CB)

电容量:10 pF～1 μF。

额定电压:100 V～30 kV。

主要特点:稳定,低损耗,体积较大。

应用:对稳定性和损耗要求较高的电路。

(3) 聚丙烯电容(CBB)

电容量:1 000 pF～10 μF。

额定电压：63～2 000 V。

主要特点：性能与聚苯相似但体积小，稳定性略差。

应用：代替大部分聚苯或云母电容，用于要求较高的电路。

4. 瓷介电容器

穿心式或支柱式结构瓷介电容器，它的一个电极就是安装螺丝。引线电感极小，频率特性好，介电损耗小，有温度补偿作用不能做成大的容量，受震动会引起容量变化特别适于高频旁路。

(1) 高频瓷介电容(CC)

电容量：1～6 800 pF。

额定电压：63～500 V。

主要特点：高频损耗小，稳定性好。

应用：高频电路。

(2) 低频瓷介电容(CT)

电容量：10 pF～4.7 μF。

额定电压：50～100 V。

主要特点：体积小，价廉，损耗大，稳定性差。

应用：要求不高的低频电路。

5. 独石电容器

(多层陶瓷电容器)在若干片陶瓷薄膜坯上被覆以电极桨材料，叠合后一次绕结成一块不可分割的整体，外面再用树脂包封而成小体积、大容量、高可靠和耐高温的新型电容器，高介电常数的低频独石电容器也具有稳定的性能，体积极小，电容量大、可靠性高。

容量范围：0.5 pF～1 μF。

耐压：二倍额定电压。

电容量大、体积小、可靠性高、电容量稳定，耐高温耐湿性好等。

应用范围：广泛应用于电子精密仪器。各种小型电子设备作谐振、耦合、滤波、旁路。

6. 纸质电容器

纸质电容器一般是用两条铝箔作为电极，中间以厚度为 0.008～0.012 mm 的电容器纸隔开重叠卷绕而成。制造工艺简单，价格便宜，能得到较大的电容量一般在低频电路内，通常不能在高于3～4 MHz的频率上运用。油浸电容器的耐压比普通纸质电容器高，稳定性也好，适用于高压电路。

7. 微调电容器

微调电容器的电容量可在某一小范围内调整，并可在调整后固定于某个电容值。瓷介微调电容器的 Q 值高，体积也小，通常可分为圆管式及圆片式两种。云母和聚苯乙烯介质的通常都采用弹簧式，结构简单，但稳定性较差。线绕瓷介微调电容器是拆铜丝〈外电极〉来变动电容量的，故容量只能变小，不适合在需反复调试的场合使用。

(1) 空气介质可变电容器

可变电容量：100～1 500 pF。

主要特点：损耗小，效率高；可根据要求制成直线式、直线波长式、直线频率式及对数式等。

应用：电子仪器、广播电视设备等。

(2) 薄膜介质可变电容器

可变电容量：15～550 pF。

主要特点：体积小，重量轻；损耗比空气介质的大。

应用：通讯、广播接收机等。

(3) 薄膜介质微调电容器

可变电容量：1～29 pF。

主要特点：损耗较大，体积小。

应用：收录机、电子仪器等电路作电路补偿。

(4) 陶瓷介质微调电容器

可变电容量：0.3～22 pF。

主要特点：损耗较小，体积较小。

应用：精密调谐的高频振荡回路。

8. 陶瓷电容器

用高介电常数的电容器陶瓷（钛酸钡一氧化钛）挤压成圆管、圆片或圆盘作为介质，并用烧渗法将银镀在陶瓷上作为电极制成。它又分高频瓷介和低频瓷介两种。具有小的正电容温度系数的电容器，用于高稳定振荡回路中，作为回路电容器及垫整电容器。低频瓷介电容器限于在工作频率较低的回路中作旁路或隔直流用，或对稳定性和损耗要求不高的场合（包括高频在内）。这种电容器不宜使用在脉冲电路中，因为它们易于被脉冲电压击穿。高频瓷介电容器适用于高频电路。

9. 玻璃釉电容器(CI)

玻璃釉电容器由一种浓度适于喷涂的特殊混合物喷涂成薄膜而成，介质再以银层电极经烧结而成"独石"，结构性能可与云母电容器媲美，能耐受各种气候环境，一般可在200℃或更高温度下工作，额定工作电压可达500 V，损耗 tgδ0.000 5～0.008。

电容量：10 pF～0.1 μF。

额定电压：63～400 V。

主要特点：稳定性较好，损耗小，耐高温（200 度）。

应用：脉冲、耦合、旁路等电路。

电容器装接前应进行测量，看其是否短路、断路或漏电严重。利用万用表的欧姆挡就可以简单地测量，具体方法：用 R×100 挡测量大于 100 μF 的电容器；用 R×1K 挡测量 1～100 μF 以内的电容器；用 R×10 挡测量容量更小的电容。对于极性电容，将黑表笔接电容器的正极，红表笔接电容器的负极，若表针摆动大，且返回慢，返回位置接近∞，说明该电容正常；若表针摆动小，且表针显示的电阻值较小，说明该电容漏电流较大；若表针摆动很大，接近于 0 Ω，且不返回，说明该电容器已击穿；若表针不摆动，则说明该电容器已开路，实效。对于非极性电容，两表笔接法随意。另外，如果需要对电容器再一次测量时，必须将其放电后才能进行。

2.3 电 感 器

2.3.1 电感的定义

电感是导线内通过交流电流时，在导线的内部及其周围产生交变磁通，导线的磁通量与生产此磁通的电流之比。

当电感中通过直流电流时，其周围只呈现固定的磁力线，不随时间而变化；可是当在线圈中通过交流电流时，其周围将呈现出随时间而变化的磁力线。根据法拉第电磁感应定律——磁生电来分析，变化的磁力线在线圈两端会产生感应电势，此感应电势相当于一个“新电源”。当形成闭合回路时，此感应电势就要产生感应电流。由楞次定律知道感应电流所产生的磁力线总量要力图阻止原来磁力线的变化。由于原来磁力线变化来源于外加交变电源的变化，故从客观效果看，电感线圈有阻止交流电路中电流变化的特性。电感线圈有与力学中的惯性相类似的特性，在电学上取名为“自感应”，通常在拉开闸刀开关或接通闸刀开关的瞬间，会发生火花，这就是自感现象产生很高的感应电势所造成的。

总之，当电感线圈接到交流电源上时，线圈内部的磁力线将随电流的交变而时刻在变化着，致使线圈不断产生电磁感应。这种因线圈本身电流的变化而产生的电动势，称为“自感电动势”。

由此可见，电感量只是一个与线圈的圈数、大小形状和介质有关的一个参量，它是电感线圈惯性的量度而与外加电流无关。

2.3.2 电感线圈与变压器

电感线圈：导线中有电流时，其周围即建立磁场。通常我们把导线绕成线圈，以增强线圈内部的磁场。电感线圈就是据此把导线（漆包线、纱包或裸导线）一圈靠一圈（导线间彼此互相绝缘）地绕在绝缘管（绝缘体、铁芯或磁芯）上制成的。一般情况，电感线圈只有一个绕组。

变压器：电感线圈中流过变化的电流时，不但在自身两端产生感应电压，而且能使附近的线圈中产生感应电压，这一现象叫互感。两个彼此不连接但又靠近，相互间存在电磁感应的线圈一般叫变压器。

2.3.3 电感的符号与单位

电感符号：L。

电感单位：亨（H）、毫亨（mH）、微亨（μH），1 H$=10^3$ mH$=10^6$ μH。

2.3.4 电感的分类

按电感形式分类：固定电感、可变电感。

按导磁体性质分类：空芯线圈、铁氧体线圈、铁芯线圈、铜芯线圈。

按工作性质分类：天线线圈、振荡线圈、扼流线圈、陷波线圈、偏转线圈。

按绕线结构分类：单层线圈、多层线圈、蜂房式线圈。

按工作频率分类：高频线圈、低频线圈。

按结构特点分类：磁芯线圈、可变电感线圈、色码电感线圈、无磁芯线圈等。

2.3.5 电感的主要特性参数

(1) 电感量 L

电感量 L 表示线圈本身固有特性，与电流大小无关。除专门的电感线圈（色码电感）外，电感量一般不专门标注在线圈上，而以特定的名称标注。

(2) 感抗 X_L

电感线圈对交流电流阻碍作用的大小称感抗 X_L，单位是欧姆。它与电感量 L 和交流电频率 f 的关系为 $X_L=2\pi fL$。

(3) 品质因素 Q

品质因素 Q 是表示线圈质量的一个物理量，Q 为感抗 X_L 与其等效的电阻的比值，即：$Q=X_L/R$。线圈的 Q 值愈高，回路的损耗愈小。线圈的 Q 值与导线的直流电阻、骨架的介质损耗、屏蔽罩或铁芯引起的损耗、高频趋肤效应的影响等因素有关。线圈的 Q 值通常为几十到几百。采用磁芯线圈、多股粗线圈均可提高线圈的 Q 值。

(4) 分布电容

线圈的匝与匝间、线圈与屏蔽罩间、线圈与底版间存在的电容被称为分布电容。分布电容的存在使线圈的 Q 值减小，稳定性变差，因而线圈的分布电容越小越好。采用分段绕法可减少分布电容。

(5) 允许误差

允许误差是电感量实际值与标称值之差除以标称值所得的百分数。

(6) 标称电流

标称电流是指线圈允许通过的电流大小，通常用字母 A、B、C、D、E 分别表示，标称电流值为 50 mA、150 mA、300 mA、700 mA、1 600 mA。

2.3.6 常用电感线圈

(1) 单层线圈

单层线圈是用绝缘导线一圈挨一圈地绕在纸筒或胶木骨架上。如晶体管收音机中波天线线圈。

(2) 蜂房式线圈

如果所绕制的线圈，其平面不与旋转面平行，而是相交成一定的角度，这种线圈称为蜂房式线圈。而其旋转一周，导线来回弯折的次数，常称为折点数。蜂房式绕法的优点是体积小，分布电容小，而且电感量大。蜂房式线圈都是利用蜂房绕线机来绕制，折点越多，分布电容越小。

(3) 铁氧体磁芯和铁粉芯线圈

线圈的电感量大小与有无磁芯有关。在空芯线圈中插入铁氧体磁芯，可增加电感量和提高线圈的品质因素。

(4) 铜芯线圈

铜芯线圈在超短波范围应用较多,利用旋动铜芯在线圈中的位置来改变电感量,这种调整比较方便、耐用。

(5) 色码电感线圈

色码电感线圈是一种高频电感线圈,它是在磁芯上绕上一些漆包线后再用环氧树脂或塑料封装而成。它的工作频率为 10 kHz～200 MHz,电感量一般在 0.1～3 300 μH 之间。色码电感器是具有固定电感量的电感器,其电感量标志方法同电阻一样以色环来标记。其单位为 μH。

(6) 阻流圈(扼流圈)

限制交流电通过的线圈称为阻流圈,分高频阻流圈和低频阻流圈。

(7) 偏转线圈

偏转线圈是电视机扫描电路输出级的负载,偏转线圈要求:偏转灵敏度高、磁场均匀、Q 值高、体积小、价格低。

常用的电感器的外形如图 2-3-1 所示。

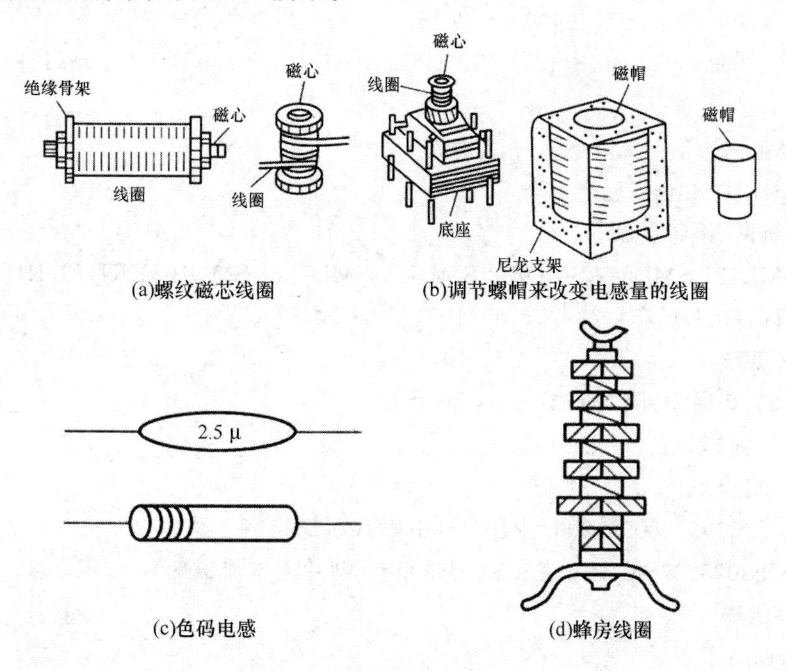

图 2-3-1　常用的电感器的外形

2.3.7　电感在电路中的作用

基本作用:滤波、振荡、延迟、陷波等。

形象说法:“通直流,阻交流”。

细化解说:在电子线路中,电感线圈对交流有限流作用,它与电阻器或电容器能组成高通或低通滤波器、移相电路及谐振电路等;变压器可以进行交流耦合、变压、变流和阻抗变换等。

由感抗 $X_L=2\pi fL$ 知,电感 L 越大,频率 f 越高,感抗就越大。该电感器两端电压的大小

与电感 L 成正比，还与电流变化速度 $\Delta i/\Delta t$ 成正比，这关系也可用下式表示：

$$U_L = L\frac{\mathrm{d}(i)}{\mathrm{d}(t)}$$

电感线圈也是一个储能元件，它以磁的形式储存电能，储存的电能大小可用下式表示：

$$W_L = \frac{1}{2}Li^2(t)$$

可见，线圈电感量越大，流过越大，储存的电能也就越多。

2.3.8 电感的型号、规格及命名

国内外有众多的电感生产厂家，其中名牌厂家有 SAMUNG、PHI、TDK、AVX、VISHAY、NEC、KEMET、ROHM 等。

(1) 片状电感

电感量：10 nH～1 mH。

材料：铁氧体、绕线型、陶瓷叠层。

精度：J=±5%，K=±10%，M=±20%。

尺寸：0402/0603/0805/1008/1206/1210/1812/1008=2.5 mm×2.0 mm；1210=3.2 mm×2.5 mm。

(2) 功率电感

电感量：1 nH～20 mH。

分类：带屏蔽、不带屏蔽。

尺寸：SMD43、SMD54、SMD73、SMD75、SMD104、SMD105；RH73/RH74/RH104R/RH105R/RH124；CD43/54/73/75/104/105。

(3) 片状磁珠

种类：CBG(普通型)阻抗：5 Ω～3 kΩ。

CBH(大电流)阻抗：30～120 Ω。

CBY(尖峰型)阻抗：5 Ω～2 kΩ。

规格：0402/0603/0805/1206/1210/1806(贴片磁珠)。

规格：SMB302520/SMB403025/SMB853025(贴片大电流磁珠)。

(4) 插件磁珠

规格：RH3.5。

(5) 色环电感

电感量：0.1 μH～22 mH。

尺寸：0204、0307、0410、0512。

豆形电感：0.1 μH～22 mH。

尺寸：0405、0606、0607、0909、0910。

精度：J=±5%，K=±10%，M=±20%。

读法：同色环电阻的标示。

(6) 立式电感

电感量：0.1 μH～3 mH。

规格：PK0455/PK0608/PK0810/PK0912。

(7) 轴向滤波电感

规格：LGC0410/LGC0513/LGC0616/LGC1019。

电感量：0.1 μH～10 mH。

额定电流：65 mA～10 A。

Q 值高，价位一般较低，自谐振频率高。

(8) 磁环电感

规格：TC3026/TC3726/TC4426/TC5026。

尺寸(单位 mm)：3.25～15.88。

(9) 空气芯电感

空气芯电感为了取得较大的电感值，往往要用较多的漆包线绕成，而为了减少电感本身的线路电阻对直流电流的影响，要采用线径较粗的漆包线。但在一些体积较少的产品中，采用很重很大的空气芯电感不太现实，不但增加成本，而且限制了产品的体积。为了提高电感值而保持较轻的重量，我们可以在空气芯电感中插入磁心、铁心，提高电感的自感能力，借此提高电感值。目前，在计算机中，绝大部分是磁心电感。

2.3.9　电感在电路中的应用

电感在电路中最常见的功能就是与电容一起，组成 *LC* 滤波电路。我们已经知道，电容具有“阻直流，通交流”的本领，而电感则有“通直流，阻交流”的功能。如果把伴有许多干扰信号的直流电通过 *LC* 滤波电路，那么，交流干扰信号将被电容变成热能消耗掉；变得比较纯净的直流电流通过电感时，其中的交流干扰信号也被变成磁感和热能，频率较高的最容易被电感阻抗，这就可以抑制较高频率的干扰信号。

在线路板电源部分的电感一般是由线径非常粗的漆包线环绕在涂有各种颜色的圆形磁芯上。而且附近一般有几个高大的滤波铝电解电容，这二者组成的就是上述的 *LC* 滤波电路。另外，线路板还大量采用“蛇行线＋贴片钽电容”来组成 *LC* 电路，因为蛇行线在电路板上来回折行，也可以看作一个小电感。

2.3.10　常见的磁芯磁环

(1) 铁粉芯系列

材质有：－2 材(红/透明)、－8 材(黄/红)、－18 材(绿/红)、－26 材(黄/白)、－28 材(灰/绿)、－33 材(灰/黄)、－38 材(灰/黑)、－40 材(绿/黄)、－45 材(黑色)、－52 材(绿/蓝)；尺寸：外径大小从 30～400 D(注解：外径 7.8～102 mm)。

(2)铁硅铝系列

主要 u 值有：60、75、90、125；尺寸：外径大小 3.5～77.8 mm。两种产品的规格除了主要的环形外，另有 E 形、棒形等，还可以根据客户提供的各项参数定做。它们广泛应用于计算机主机板、计算机电源、电源供应器、手机充电器、灯饰变压调光器、不间断电源(UPS)和各种家用电器控制板等。

2.3.11 电感与磁珠的联系与区别

(1) 电感是储能元件，而磁珠是能量转换(消耗)器件。

(2) 电感多用于电源滤波回路，磁珠多用于信号回路，用于 EMC 对策。

(3) 磁珠主要用于抑制电磁辐射干扰，而电感用于这方面则侧重于抑制传导性干扰。两者都可用于处理 EMC、EMI 问题。EMI 的两个途径，即：辐射和传导，不同的途径采用不同的抑制方法。前者用磁珠，后者用电感。

(4) 磁珠用来吸收超高频信号，像一些 RF 电路、PLL、振荡电路、含超高频存储器电路(DDR SDRAM，RAMBUS 等)都需要在电源输入部分加磁珠，而电感是一种蓄能元件，用在 LC 振荡电路，中低频的滤波电路等，其应用频率范围很少超过 50 MHz。

(5) 电感一般用于电路的匹配和信号质量的控制上。在模拟地和数字地结合的地方用磁珠，对信号线也采用磁珠。磁珠的大小(确切地说应该是磁珠的特性曲线)取决于需要磁珠吸收的干扰波的频率。磁珠就是阻高频，对直流电阻低，对高频电阻高。因为磁珠的单位是按照它在某一频率产生的阻抗来标称的，阻抗的单位也是欧姆。磁珠的数据手册上一般会附有频率和阻抗的特性曲线图。一般以 100 MHz 为标准，比如 2012B601，就是指在 100 MHz 的时候磁珠的阻抗为 600 Ω。

2.3.12 电感的测量

电感测量的两类仪器：*RLC* 测量(电阻、电感、电容三种都可以测量)和电感测量仪。

电感的测量：空载测量(理论值)和在实际电路中的测量(实际值)。

由于电感使用的实际电路过多，难以类举。所以我们就对空载情况下的测量加以解说。

电感量的测量步骤：(*RLC* 测量)

(1) 熟悉仪器的操作规则(使用说明)及注意事项；

(2) 开启电源，预备 15～30 min；

(3) 选中 L 挡，选中测量电感量；

(4) 把两个夹子互夹并复位清零；

(5) 用两个夹子分别夹住电感的两端，读数值并记录电感量；

(6) 重复步骤 4 和步骤 5，记录测量值，要有 5～8 个数据；

(7) 比较几个测量值：若相差不大(0.2 μH)则取其平均值，记得电感的理论值；若相差过大(0.3 μH)则重复步骤 2～步骤 6，直到取到电感的理论值。

不同的仪器能测量的电感参数都有一些出入。因此，做任何测量前得熟悉测量仪器，然后按照它的操作说明去做即可。

2.3.13 电感在使用过程中要注意的事项

(1) 电感使用的场合

潮湿与干燥、环境温度的高低、高频或低频环境、要让电感表现的是感性还是阻抗特性等，都要注意。

(2) 电感的频率特性

在低频时，电感一般呈现电感特性，即只起蓄能、滤高频的特性。但在高频时，它的阻抗特性表现得很明显,有耗能发热,感性效应降低等现象。不同的电感的高频特性都不一样。下面就铁氧体材料的电感加以解说:铁氧体材料是铁镁合金或铁镍合金,这种材料具有很高的磁导率,它可以使电感的线圈绕组之间在高频高阻的情况下产生的电容最小。铁氧体材料通常在高频情况下应用,因为在低频时它们主要呈电感特性,使得线上的损耗很小。在高频情况下,它们主要呈电抗特性,并且随频率改变。实际应用中,铁氧体材料是作为射频电路的高频衰减器使用的。实际上,铁氧体较好地等效于电阻以及电感的并联,低频下电阻被电感短路,高频下电感阻抗变得相当高,以至于电流全部通过电阻。铁氧体是一个消耗装置,高频能量在上面转化为热能,这是由它的电阻特性决定的;

(3) 电感设计要承受的最大电流,及相应的发热情况;

(4) 使用磁环时,对照上面的磁环部分,找出对应的 L 值,对应材料的使用范围;

(5) 注意导线(漆包线、纱包或裸导线),常用的漆包线要找出最适合的线经。

2.4　二　极　管

2.4.1　二极管的分类

二极管的种类很多,按制作材料不同分为硅二极管和锗二极管;按结构不同分为点接触二极管与面接触二极管;按用途不同分为整流二极管、检波二极管、发光二极管、光敏二极管、稳压二极管、变容二极管等。常用二极管的外形如图 2-4-1 所示。

2.4.2　二极管的主要性能指标

二极管的主要参数是最大整流电流,最高反向工作电压和最高工作频率等。最大整流电流是指管子在长期连续工作时,允许通过的最大正向平均电流。选用二极管时,须注意实际电路中通过二极管的平均电流不能高于允许通过的最大正向平均电流,否则将导致二极管损坏。为安全起见,通常最高反向工作电压为反向击穿电压的 1/2。最高工作频率限制是由于 PN 结具有的电容效应决定的,当工作频率超过某一限度时,其单向导电性能将变差。

2.4.3　二极管的选用及检测

1. 二极管的选用

最基本的选用原则是不能超过二极管的极限参数,即最大整流电流、最高反向工作电压、最高工作频率、最高结温等,并留有一定的余量。除此之外,还要根据技术要求进行选择。例如,当要求反向电压高、反向电流小、工作稳定高于 100 ℃时,应选择硅管。需要导通电流大时,应选择面接触型硅管。要求低导通压降时应选择锗管。当工作频率高时,应选择点接触型二极管(一般为锗管)。选择特殊二极管时,可参考表 2-4-1。

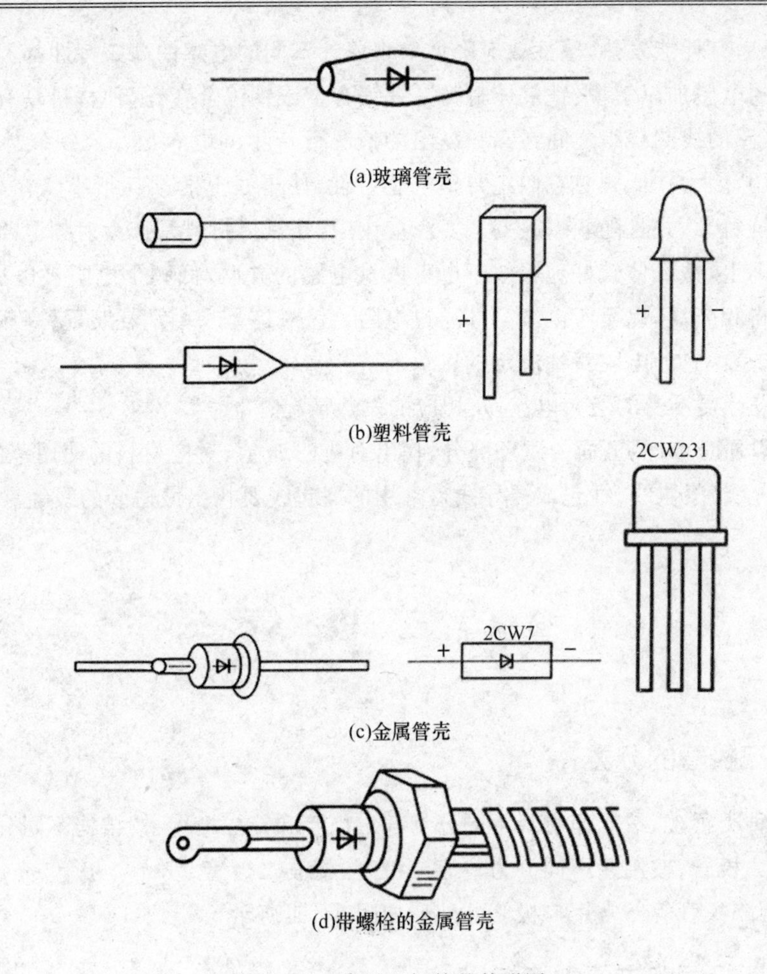

图 2-4-1 常用二极管的外形图

表 2-4-1 二极管的性能特点及应用

二极管	应 用 特 点
普通二极管	多用于整流、检波。整流二极管不仅有硅管和锗管之分，而且还有低频和高频、大功率和中(小)功率之分。硅管具有良好的温度特性及耐压特性，故使用较多。检波实际上是对高频小信号整流的过程，它可以把调幅信号中的调制信号(低频成分)取出来。检波二极管属于锗材料点接触型二极管，其特点是工作频率高，正向压降小
发光二极管	它是将电信号转化成光信号的发光半导体器件。当管子 PN 结通过合适的正向电流时，便以光的形式将能量释放出来。它具有工作电压低、耗电少、响应速度快、寿命长、色彩绚丽及轻巧等优点(颜色有白、红、绿、黄等，形状有圆形和矩形等)，广泛应用于单个显示电路或做成七段数码管、LED 点阵等。而在数字电路实验中，常用作逻辑显示器
光敏二极管	它是一种把光信号转化为电信号的半导体器件。光敏二极管 PN 结的反向电阻大小与光照强度有关系。光照越强，阻值越小。光敏二极管可用于光的测量，当制成大面积的光敏二极管时，可作为一种能源，称为光电池

续表

二极管	应用特点
稳压二极管	也称齐纳二极管，是一种用于稳压、工作于反向击穿状态的特殊二极管。稳压二极管是以特殊工艺制造的面接触型二极管，它是利用 PN 结反向击穿后，在一定反向电流范围内，反向电压几乎不变的特点进行稳压的
变容二极管	在电路中能起到可变电容的作用，其结电容随反向电压的增加而减小，变容二极管主要用于高频电路中，如变容二极管调频电路

2. 二极管的检测

对于如何判定二极管的极性与好坏，可以用万用表电阻挡的“R×100”或“R×1K”的挡位，将红黑表笔分别接触二极管两端，可得到 2 个读数。若 2 次读数相差很大，说明该二极管单向导电性好。阻值在几百 kΩ 以上的那次红表笔所接端为二极管的阳极；若 2 次读数相差很小，说明该二极管已失去单向导电性；若 2 次读数均很大，则说明二极管已开路；若 2 次读数均很小或者为 0 Ω，则二极管短路；正向测量指针指示 10 kΩ 左右，反向测量指针指示值亦较小，则说明二极管反向漏电流大，不宜使用。

也可采用数字万用表的二极管挡。对于硅二极管，当红表笔接在晶体管的负极，黑表笔接在管子的正极时，显示数字在 500～700 之间为正常；换向测量时应无数字显示。对于锗二极管，当红表笔接管子的负极，黑表笔接在管子的正极，显示数字小于 300 为正常，换向测量时，应无数字显示。无论对哪种二极管来说，如果 2 次测量均无数字显示，说明二极管开路；2 次测量均为零，说明二极管短路。

对于检测的二极管，正反电阻差值越大，说明管子的质量越好。

在某些特殊情况下，用万用表也不能判断其性能，可以用 JT-1 型晶体管特性图示仪模拟二极管的工作环境进行测量。

2.5　三　极　管

2.5.1　三极管的分类

三极管是具有 2 个 PN 结的三级半导体器件。三极管的种类很多，按照制作材料和导电性差异可分为 NPN 硅管、NPN 锗管、PNP 硅管、PNP 锗管；按结构差异可分为点接触型和面接触型三极管；按功率差异可分为大、中、小功率三极管；按频率不同可分为低频管、高频管、微波管；按功能和用途不同可分为放大管、开关管、达林顿管。常用三极管的外形如图 2-5-1 所示。

2.5.2　三极管的主要性能指标

三极管的主要参数为电流的大倍数、集电极最大允许电流、反向击穿电压、集电极最大允许耗散功率和特征频率等。

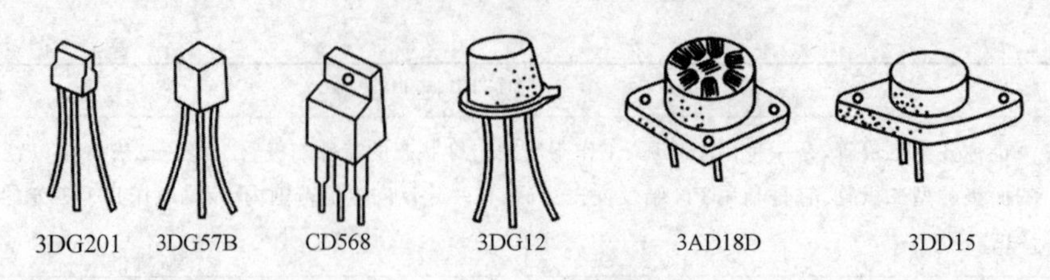

图 2-5-1　常见三极管的外形图

2.5.3　三极管的选用及测试

1. 三极管的选用

选用三极管时，必须按电路要求选用三极管的类型及参数。一般原则是，应使管子的特征频率高于电路工作频率的 3～10 倍；电流放大系数选在 40～100；最高反向击穿电压大于电源电压；集电极最大电流、集电极耗散功率等极限参数降为原值的 2/3 来选用。另外，选用类型时，要充分考虑晶闸管的过载能力差、触发值限度及误导通问题，以及场效应管对栅极的保护问题等。

2. 三极管的检测

(1) 外观识别法

三极管主要分 PNP 型与 NPN 型，根据命名法，可从三极管管壳上的符号来判断它的型号和类型。如 3AG1B 表明它是 PNP 型高频小功率锗三极管，3DG6 表明它是 NPN 型高频小功率硅三极管。同时，管壳上色点的颜色可判断出管子的电流放大系数 β 值的大致范围。以 3DG6 为例，若色点为黄色，表示 β 值在 30～60 之间；绿色表示 β 值在 50～110 之间；蓝色表示 β 值在 90～160 之间，白色表示 β 值在 140～200 之间。使用时可根据厂家规定，以色点颜色查看使用。

对于小功率三极管来说，有金属外壳封装和塑料封装 2 种。对于金属外壳封装的小功率三极管，如果管壳上带有定位销，那么将管底朝上，从定位销起，按顺时针方向，3 个电极依次是 e、b、c(如图 2-5-2(a)所示)。如果管壳上无定位销，且 3 根电极在半圆之内，可将含有 3 根电极的半圆置于上方，按顺时针方向，3 根电极依次是 e、b、c(如图 2-5-2(b)所示)。

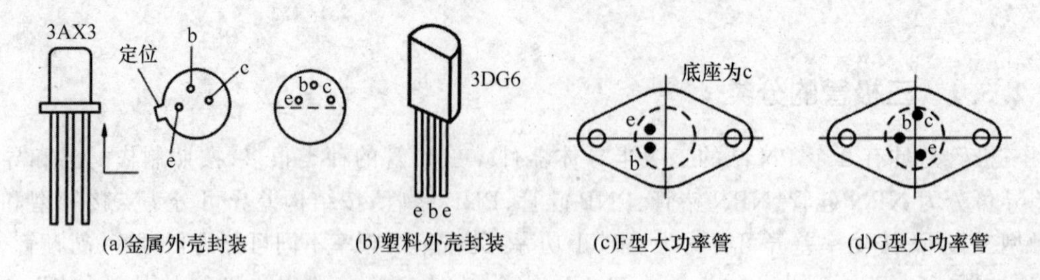

(a)金属外壳封装　(b)塑料外壳封装　(c)F型大功率管　(d)G型大功率管

图 2-5-2　三极管的极性(管脚)识别

对于大功率三极管，一般有 F 型和 G 型 2 种，如图 2-5-2(c)、图 2-5-2(d)所示。F 型大功率管从外形上只能看到 2 根电极。将管底朝上，2 根电极置于左方，则上为 e，下为 b，底座为 c。G 型大功率管电极一般在管壳的顶部，将管底朝下，3 根电极置于左方，从下面一根电极起，顺时针方向依次为 e、b、c。正确确定三极管的管脚非常重要。否则接入电路后，不但不能正常工作，还会烧坏管子。

(2) 仪表测试法

当一个三极管没有任何标记时，可以利用万用表来初步确定该三极管的好坏、类型(PNP 型或者是 NPN 型)，以及辨别出 e、b、c 三个电极。

① 判断基极 b 和管子类型

利用万用表"R×100"或"R×1K"挡，先假设三极管的某极为"基极"，并将黑表笔接在假设的基极上，再将红表笔先后接到其余的 2 个极上。如果 2 次测得的电阻值都很大(或者都很小)，约为几千欧姆到十几千欧姆(或约为几百欧姆到几千欧姆)，而对换表笔后测得 2 个电阻值都很小(或都很大)则假设的基极 b 正确。如果 2 次测得的电阻值是一大一小，则原假设的基极 b 是错误的，这时就必须重新假设另一电极为基极，如此重复测试，就可以确定基极。

当基极确定以后，将黑表笔接基极，红表笔分别接其他两极。此时，若测得的电阻值都很小，则该三极管为 NPN 型，反之则为 PNP 型。

② 判断集电极 c 和发射极 e

以 NPN 型为例，把黑表笔接到假设的集电极 c 上，红表笔接到假设的发射极 e 上，并用手捏住 b 和 c 极(不能使 b、c 直接接触)，通过人体电阻，相当于在 b 与假设 c 之间接入偏置电阻(或者直接接入一个 100 kΩ 的电阻也可以)，读出 c、e 间的电阻值，然后将红、黑表笔反接重测。若第一次电阻值比第二次小，说明原假设成立，黑表笔所接为三极管集电极 c。因为 c、e 间电阻值小，说明通过万用表的电流大，偏置正常。

第3章 实用电子测量技术

3.1 电子测量技术

电子测量是测量学中的一个重要分支，在电子技术中，测量通常包含以下几个方面：

(1) 表征电信号能量大小的电压、电流、功率等基本参数的测量；

(2) 电子元器件的测量，如电阻、电容、电感、晶体管及运算放大器等；

(3) 波形参数的测量，如正弦波的频率、相位、失真度，脉冲波的重复周期、脉宽等；

(4) 电路工作状态、技术性能指标的测量，如放大器的静态工作点、电压放大倍数等；

(5) 特性曲线的测量，如幅频特性、器件的特性曲线等。

3.1.1 电子测量的技术方法概述

随着电子技术的迅速发展，各种电子仪器应运而生，有各式各样的仪器供我们选用。根据选用的仪表、被测电路的结构和要求的测量精度不同，应采用不同的测量方法。在电子测量中常用方法有 3 种：直接测量法、间接测量法和比较测量法。

(1) 直接测量法。针对某些电参数，选用相应仪表直接测量其大小的方法称为直接测量法。例如，用电压表测电压，用电流表测电流，用频率计测频率，用欧姆表测电阻等。

(2) 间接测量法。有些电参数，在没有相应的仪器仪表直接测量情况下，利用可直接测量的电参数与被测量之间的函数关系，而间接获得被测量参数的技术方法称为间接测量法。例如，放大器的电压放大倍数 A_u，是通过测输入电压 U_i 和输出电压 U_o，利用 $A_u=\frac{U_o}{U_i}$计算得到的。

(3) 比较测量法。这是一种在测量过程中，将被测量与已知标准量或图形进行比较，而得到被测量的技术方法，如利用李萨如图形测信号频率等。

3.1.2 电子测量方法选用原则

电子测量中，采用正确的测量方法，不仅可以得到需要的测量结果，获得理想的测量精度，而且不至于造成电路或所用仪器仪表的损坏。

(1) 凡是能直接测量的电量，尽量选用直接测量法。

(2) 在无法采用直接测量法的情况下，尽量选用间接测量法。

(3) 应根据电路结构和选用的仪表特性，灵活选择测量方法。

对于对称输入式的测量仪表，两种方法均可采用。但对于非对称输入式的测量仪表，如果测量某点对地的电压，因为必须共地(即仪器的地线不能离开电路的地线)，则采用直接测量法，否则采用间接测量法。如图 3-1-1 所示的交流分压电路，要求测量 A、B 两点的电压 U_R 时，必须使用电子电压表来测量。它是不对称式的输出仪表，正确的测量方法是采用间接测量法，即分别测出 A 点和 B 点对地的电压 U_s 和 U_i，再求出 U_R 值。若 $U_s = 10$ mV 时，测得 $U_i =$ 5 mV，则 $U_R = 10 - 5 = 5$ mV。若采用直接测量法，用电子电压表直接测 R 上电压降，测得的 $U_R = 70$ mV 左右。为什么直接测量中会产生如此之大的不可信的数据呢？因为电子电压表的地线离开了电路地线，即没有按照“共地”要求进行，给电路带来了较大的外界干扰，从而得到不可靠的测量结果，而且信号波形也出现杂波。

(4) 还应注意根据测量仪表的内阻选用测量方法。

对图 3-1-2，若用模拟万用表来测量管子 be 之间的直流电压 U_{be}，由于模拟万用表属于平衡式仪表，可用直接测量和间接测量两种方法。若用间接测量法，用万用表电压挡分别测量基极电压 U_b 和发射极电压 U_e，则 $U_{be} = U_b - U_e$。由于模拟万用表内阻为 20 kΩ/V，用 5 V 挡时，内阻为 20 kΩ×5 V=100 kΩ(由万用表电压挡组成原理理解)，当表并接到 b 极与地点时，相当于将 R_{b2} 并上一个 100 kΩ 的电阻，使 $R_{2b} = 20//100 = 16.7$ kΩ。于是既改变了电路的工作状态，又使测量产生了较大的误差。反而不如用模拟万用表直接测量更准确，因为管子的发射结电阻很小，电表内阻远远大于其值。

若使用数字万用表，由于其内阻大于 10 MΩ，其并联作用的影响可忽略不计，故两种方法均可使用。

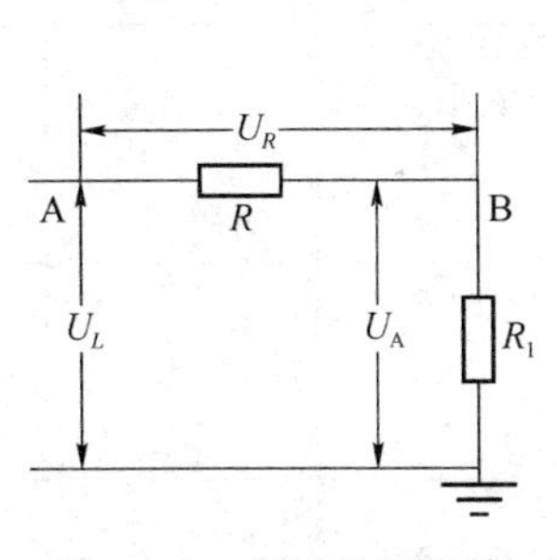

图 3-1-1　交流分压电路

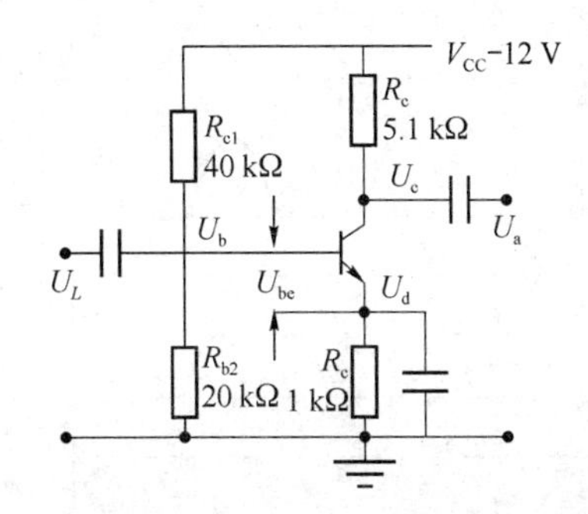

图 3-1-2　放大器偏置电路

3.2　电压的测量

3.2.1　直流电压的测量

电子技术中直流电压有两类：一类是供电电源，采用直接测量方法；另一类是电路中某一支路或某元器件两端的直流电压，如三极管的管压降 U_{be}、U_{ce} 等，它们的测量方法既可采用直接测量，又可采用间接测量。至于哪种方法更好，取决于仪表的特性和内阻。通常选用的仪器仪表有：

(1) 模拟万用表(如 MF-30 型、MF-50 型等)直流电压挡，其内阻一般为每伏 20 kΩ，测量时，应将红表笔（正极）接高电位端，黑表笔接低电位端。

(2) 数字万用表（如 DT9203 型、UT56 型等），其内阻一般超过 10 MΩ。红表笔接高电位端，黑表笔接低电位端，显示正电压，反之为负。测量中可依据表笔接法判断电压极性，但应注意，一般不用它测量含有交流分量的直流电压，这是因为数字万用表的直流电压挡要求被测电压稳定。

(3) 电子多用表必须共地。

(4) 用示波器测量必须共地。

3.2.2 交流电压的测量

(1) 交流电压的特性

在时间域中，交流电压的变化规律是多种多样的。从波形上分类有正弦波、方波、三角波、脉冲波、锯齿波等，不管它们变化规律有何不同，交流电的大小都是以峰值（或峰-峰值）、有效值、平均值、波形因数、波峰因数来表征的。表 3-1 列出了几种典型交流电压波形的参数。表中，U 为有效值，$\overline{U}$为平均值，U_P为交流电峰值电压，$K_P=U_P/U$，$K_F=U/\overline{U}$，t_ω为脉冲宽度。

由表 3-2-1 可以看出，用测量正弦波有效值的电压表测量非正弦波电压时，不能直接由表读取，需要根据表内检波器的检波方式乘上一个相应的换算系数才可以。否则将产生很大的测量误差。这就是在模拟电路测量中必须保证波形不失真的原因。

表 3-2-1 几种典型交流电压波形的参数

名称	波形	有效值 U	平均值$\overline{U}$	波形系数 K_F	波形系数 K_P
正弦波	U_P	$U_P/\sqrt{2}$	$2U_P/\pi$	1.11	1.414
半波整流	U_P	$U_P/\sqrt{2}$	U_P/π	1.57	2
全波整流	U_P	$U_P/\sqrt{2}$	$2U_P/\pi$	1.11	1.414
波	U_P	U_P	U_P	1	1
脉冲波	U_P	$\sqrt{\frac{t_w}{T}}U_P$	$\frac{t_w}{T}U_P$	$\sqrt{\frac{t_w}{T}}$	$\sqrt{\frac{T}{t_w}}$
三角波	U_P	$U_P/\sqrt{3}$	$U_P/\sqrt{2}$	1.15	1.73
梯形波	ϕ U_P 0 π	$\sqrt{1-\frac{4\varphi}{3\pi}}U_P$	$\left(1-\frac{\varphi}{\pi}\right)U_P$	$\frac{\sqrt{1-\frac{4\varphi}{3\pi}}}{1-\frac{\varphi}{\pi}}$	$\frac{1}{\sqrt{1-\frac{4\varphi}{3\pi}}}$

我们这里所说的电压测量指的就是正弦波电压的测量，而且目前所有的交流电压测量仪表如无特殊说明，均是以测量正弦波的有效值而设计的。

(2) 正弦波电压的测量

正弦波电压的频率范围很宽，分为超低频、低频、高频、超高频、微波等，每一频段都有相应的电压表，即每种电压表只能用于某一段频率范围的测量。如 SX、2172 型毫伏表，只能测量 20 Hz～1 MHz 范围的正弦波电压的有效值，如果想测量 1 MHz 以上的信号，必须选用相应频段的高频毫伏表。

① 对于 50 Hz 市电的系列电压，实验室中常用的是万用表的交流电压挡，因为它是为测量市电而设计的。模拟万用表为 45 Hz～1 kHz，数字万用表为 20 Hz～3 kHz。

② 在模拟电子技术中，由于研究的信号是 10^2～10^6 MHz 的正弦波，实验室中常选用电子电压表。它属于不平衡式输入方式的仪表，其中一个输入端已被定义为参考点的输入线(即地线)与仪器外壳相连的接地线，另一端为信号输入端，因此只能测量电路中任意一点对地的电压，而不能测量任意两点间的电压。不能用万用表的交流电压挡来测量，因为其频率范围较小。

③ 采用示波器测量，任何信号都可以用示波器进行测量。

交流电压的测量方法是：对于某点对地的电压采用直接测量方法，而测量非地两点之间的电压，则采用间接测量方法。

3.2.3　其他波形电压的测量

对于非正弦的其他波形测量，没有专门的电压表，可用测正弦波的电压表测量，但必须乘以一个系数，比较麻烦，一般不用。常用的方法是利用示波器来测量。

3.3　电 流 测 量

电子技术中电流测量需要注意被测量是直流、电网工频信号还是交流信号。对于不同的信号，测量方法有所不同，仪表选用亦不同。

3.3.1　直流电流测量

测量方法既可采用直接测量方法，也可采用间接测量方法。直接测量是将电路断开，把直流电流表串联到被测支路中，由表直接读出结果。适用于测量小电流的情况。此法需要断开电路，既麻烦又容易造成损坏，因而使用受到限制，除非在要求精度的情况下或测量电源的供给电流时才采用。一般情况下，在工程测量中常用间接测量方法，特别是在测量几安培以上的 R 电流时。

间接测量是利用欧姆定律，通过测量电阻两端的电压换算出被测电流。

(1) 当被测支路内有一定的电阻可利用时，可通过测量该电阻上的电压，求出电流。此电阻称为取样电阻，如放大电路中的发射极电阻 R_e，可用于测量 I_{eq}。

(2) 若被测支路无现成电阻可利用时，可以在支路中人为地串入一个取样电阻。注意取样电阻是串接到被测支路的,这将影响电路的工作状态,所以取值原则是其对被测电路的影响越小越好,一般在 1～10 Ω。

直流电流测量应选用直流电流表,在实验室中常用模拟式或数字万用表的直流电流挡,或专用的直流电流表。由于电流表的内阻较小,很容易由于量程不当用小量程挡去测大电流,而烧坏表头或保险丝,所以使用中一定要特别当心。

3.3.2 交流电流的测量

在工作频率较高时,电路或元件受分布参数的影响,电流分布不均匀,无法直接用电流表来测量支路的电流。故而交流电流的测量,除 50 Hz 市电外,一般都采用间接测量方法。

由万用表组成原理可知,其交流电流挡是专为测量 50 Hz 市电设计的,频率范围较低(45～500 Hz),对于 50 Hz 市电,可以采用直接测量方法。

用间接法测量交流电流时,同直流电流测量一样,需加取样电阻。取样电阻的选取应注意:当工作频率大于 20 kHz 时,取样电阻不宜采用普通线绕电阻,因为线绕电阻的分布电感、电容已不容忽略,可采用碳膜电阻或金属膜电阻。阻值大小视电路结构而定。

第4章 电路基础实验

实验一　电工实验装置和万用表的使用

一、实验目的

(1) 了解电工电子系统实验装置的特点。
(2) 学会使用实验台的电源、仪表以及各元件。
(3) 熟悉数字万用表的使用方法。
(4) 了解电压表和电流表内阻对测量结果的影响。

二、预习要求

(1) 了解电工电子系统实验装置的特点。
(2) 熟悉数字万用表的使用方法。
(3) 复习理论部分相关内容,电压表和电流表内阻对测量结果的影响。

三、实验仪器与设备

电工电子系统实验装置、数字型万用表。

四、实验原理与说明

1. 电源操作

(1) 直流电源

实验台设有两个独立的直流稳压电源,输出电压均可通过调节"粗调"与"细调"多圈电位器使输出电压在0～25 V范围内改变,输出电压可由实验台上直流电压表直接显示。使用时注意正确接线及极性,防止输出短路,红线接正极,黑线接负极。电压源使用完后应关闭开关,将预调电压降低至零;直流稳流电源理论上不可以开路,使用时应预先接好外电路,然后才可以合上开关。使用电流源的时候,如需改接外部线路,应先关闭电源开关,避免产生冲击电流,损坏仪表。电流源使用完后应关闭开关,将电流调整旋钮拧至最小。

(2) 交流电源

交流电源通过实验台上三相电源开关与三相自耦调压器相连接。需要单相或者三相电源的时候,通过调节自耦调压器可得 0～400 V 之间的电压。

2. 仪表操作

直流电压表和直流电流表测量直流的电压和电流。

交流电压表和交流电流表测量交流的电压和电流。

注意:在使用直流仪表的时候,红线接正极,黑线接负极,量程要从大到小。否则,实验台会发出短路报警。

3. 数字万用表

数字万用表的测量机构是表头,表头配合各种测量电路,就可以组成电压表、电流表和电阻表,成为多用途、多量程的万用表。由于表头和测量电路都具有一定的内阻,在测量过程中会对被测电路产生影响,使测量结果产生误差。

五、实验内容与步骤

1. 测量 10 V 和 20 V 的直流电压,测量 5 mV 和 100 mV 的直流电流。
2. 熟悉电阻、电容、二极管和稳压管等各元件的位置。
3. 测量电压、电流、电阻等参数,按图 4-1-1 接线。

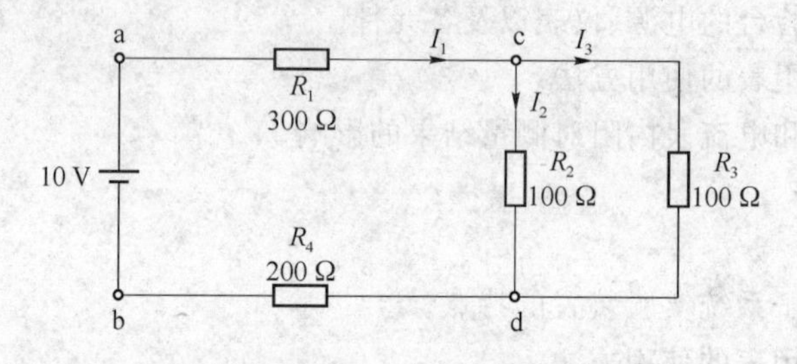

图 4-1-1 实验测量线路图

(1) 测量各电阻上的电压,并与计算值比较,测量数据记入表 4-1-1 中。

表 4-1-1 各电阻上的电压测量值与计算值比较

V

电压	U_1	U_4	U_2 或 U_3
测量值			
计算值			

(2) 测量各回路中的电流,并与计算值比较,测量数据记入表 4-1-2 中。

表 4-1-2 各回路中的电流测量值与计算值比较

mV

电流	I_1	I_2	I_3
测量值			
计算值			

(3) 电阻的测量。用万用表的电阻挡测量图 4-1-1 中的 R_{ab}、R_{bc}、R_{cd}、R_{ad}，并与计算值比较，记入表 4-1-3 中。注意：测电阻的时候，连接直流稳压电源的导线必须断开。

表 4-1-3　电阻的测量值与计算值比较

Ω

电阻	R_{ab}	R_{bc}	R_{cd}	R_{ad}
测量值				
计算值				

(4) 二极管的测量。用万用表的二极管挡测二极管正向导通电压，记入表 4-1-4 中。

表 4-1-4　二极管正向导通电压

V

二极管	硅二极管	锗二极管	稳压管
测量值			

六、注意事项

1. 实验过程中，电压源不允许短路，电流源不允许开路。
2. 注意直流电的正负极性；电压表要与负载并联，电流表要与负载串联。
3. 实验设备发出报警声，要切断电源，认真检查线路，确认无误后，方可接通电源。
4. 完成实验后，先关掉实验台上所有的电源，然后再拆线。

七、实验报告要求

1. 实验报告要求语言通顺，书写整洁，认真分析和讨论实验中的问题。以后各次实验报告要求与此相同，不再重复。
2. 认真记录原始数据，独立完成数据分析。
3. 要求字体工整，图形规范。

八、问题

1. 用万用表测量电压、电流和电阻时，应注意哪些方面？
2. 用万用表测量同一电压或电流时，采用不同的量程测量，结果常常有差异，试说明其原因。

实验二　电路元件伏安特性的测定

一、实验目的

1. 掌握几种元件的伏安特性的测试方法。

2. 了解电压表、电流表和万用表的使用方法。

3. 了解电流源与电压源的外特征。

二、预习要求

1. 阅读实验指导书，了解本次实验的内容。

2. 复习教材中直流电路的相关理论内容。

3. 预习教材中电工测量仪表的有关内容。

4. 预习相关内容，了解万用表和直流稳压电源的使用方法。

三、实验仪器与设备

序号	名称	型号与规格	数量	备注
1	可调直流稳压电源	0～30 V	1	
2	直流数字毫安表	0～200 mA	1	
3	直流数字电压表	0～200 V	1	
4	二极管	IN4007	1	
5	稳压管	2CW51	1	
6	白炽灯	12 V,0.1 A	1	
7	线性电阻器	1 kΩ/8 W	1	

四、实验原理与说明

任何一个二端元件的特性可用该元件上的端电压 U 与通过该元件的电流 I 之间的函数关系 $I=f(U)$ 来表示，即用 I-U 平面上的一条曲线来表征，这条曲线称为该元件的伏安特性曲线。

1. 线性电阻器的伏安特性曲线是一条通过坐标原点的直线，如图 4-2-1 中 a 所示，该直线的斜率等于该电阻器的电阻值。

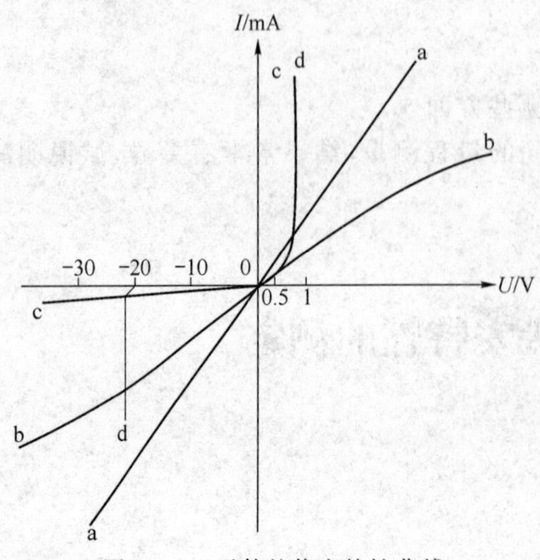

图 4-2-1　元件的伏安特性曲线

2. 一般的白炽灯在工作时灯丝处于高温状态，其灯丝电阻随着温度的升高而增大，通过白炽灯的电流越大，其温度越高，阻值也越大，一般灯泡的“冷电阻”与“热电阻”的阻值可相差几倍至十几倍，所以它的伏安特性如图 4-2-1 中 b 曲线所示。

3. 一般的半导体二极管是一个非线性电阻元件，其伏安特性如图 4-2-1 中 c 所示。正向压降很小(一般的锗管约为 0.2～0.3 V，硅管约为 0.5～0.7 V)，正向电流随正向压降的升高而急骤上升，而反向电压从零一直增加到十几至几十伏时，其反向电流增加很小，粗略地可视为零。可见，二极管具有单向导电性，但反向电压加得过高，超过管子的极限值，则会导致管子击穿损坏。

4. 稳压二极管是一种特殊的半导体二极管，其正向特性与普通二极管类似，但其反向特性较特别，如图 4-2-1 中 d 所示。在反向电压开始增加时，其反向电流几乎为零，但当电压增加到某一数值时（称为管子的稳压值，有各种不同稳压值的稳压管）电流将突然增加，以后它的端电压将基本维持恒定，当外加的反向电压继续升高时其端电压仅有少量增加。

注意：流过二极管或稳压二极管的电流不能超过管子的极限值，否则管子会被烧坏。

五、实验内容与步骤

1. 测定线性电阻器的伏安特性

按图 4-2-2 接线，调节稳压电源的输出电压 U，从 0 伏开始缓慢地增加，一直到 10 V，记下相应的电压表和电流表的读数 U_R、I。

表 4-2-1　测定线性电阻器的伏安特性

U_R/V	0	2	4	6	8	10
I/mA						

2. 测定非线性白炽灯泡的伏安特性

将图 4-2-2 中的 R 换成一只 12 V、0.1 A 的灯泡，重复步骤 1。U_L 为灯泡的端电压。

表 4-2-2　测定非线性白炽灯泡的伏安特性

U_L/V	0.1	0.5	1	2	3	4	5
I/mA							

3. 测定半导体二极管的伏安特性

按图 4-2-3 接线，R 为限流电阻器。测二极管的正向特性时，其正向电流不得超过 35 mA，二极管 D 的正向施压 U_{D+} 可在 0～0.75 V 之间取值。在 0.5～0.75 V 之间应多取几个测量点。测反向特性时，只需将图 4-2-3 中的二极管 D 反接，且其反向施压 U_{D-} 可达 20 V。

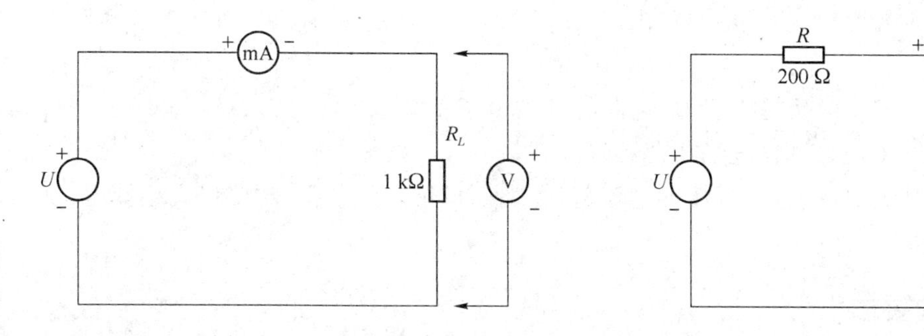

图 4-2-2　测定线性电阻器的伏安特性

图 4-2-3　二极管伏安特性的测量

表 4-2-3　正向特性实验数据

U_{D+}/V	0.1	0.4	0.60	0.65	0.70	0.71	0.72	0.74
I/mA								

表 4-2-4　反向特性实验数据

U_{D-}/V	0	−5	−10	−15	−20	−25
I/mA						

4. 测定稳压二极管的伏安特性

(1) 正向特性实验

将图 4-2-3 中的二极管换成稳压二极管 2CW51，重复实验内容 3 中的正向测量。U_{Z+} 为 2CW51 的正向施压。

表 4-2-5　稳压二极管正向特性实验数据

U_{Z+}/V	0.1	0.4	0.6	0.65	0.70	0.71	0.72	0.74
I/mA								

(2) 反向特性实验

将图 4-2-3 中的二极管换成稳压二极管 2CW51，重复实验内容 3 中的反向测量。稳压电源的输出电压 U 从 0～15 V 变化，测量 2CW51 二端的电压 U_{Z-} 及电流 I，从 1 V 开始每隔 2 V 记录一次数据填入表 4-2-6，由 U_{Z-} 可看出其稳压特性。

表 4-2-6　稳压二极管反向特性实验数据

U/V	
U_{Z-}/V	
I/mA	

六、注意事项

1. 测二极管正向特性时，稳压电源输出应由小至大逐渐增加，应时刻注意电流表读数不得超过 35 mA。

2. 如果要测定 2AP9 的伏安特性，则正向特性的电压值应取 0，0.10，0.13，0.15，0.17，0.19，0.21，0.24，0.30(V)，反向特性的电压值取 0，2，4，…，10(V)。

3. 进行不同实验时，应先估算电压和电流值，合理选择仪表的量程，勿使仪表超量程，仪表的极性亦不可接错。

七、实验报告要求

1. 根据各实验数据，分别在方格纸上绘制出光滑的伏安特性曲线(其中二极管和稳压管的正、反向特性均要求画在同一张图中，正、反向电压可取为不同的比例尺)。

2. 根据实验结果，总结、归纳被测各元件的特性。

3. 必要的误差分析。

4. 心得体会及其他。

八、问题

1. 线性电阻与非线性电阻的概念是什么？电阻器与二极管的伏安特性有何区别？

2. 设某器件伏安特性曲线的函数式为 $I=f(U)$，试问在逐点绘制曲线时，其坐标变量应如何放置？

3. 稳压二极管与普通二极管有何区别，其用途如何？

4. 在图 4-2-3 中，设 $U=2\ \text{V}$，$U_{D+}=0.7\ \text{V}$，则毫安表读数为多少？

实验三　基尔霍夫定律和叠加原理的验证

一、实验目的

1. 加深对基尔霍夫定律的理解。
2. 用实验数据验证基尔霍夫定律。
3. 加深对参考方向和实际方向以及电压、电流的正负的认识。

二、预习要求

1. 复习理论部分相关内容。
2. 掌握参考方向和实际方向。

三、实验仪器与设备

序号	名称	型号与规格	数量	备注
1	直流稳压电源	0～30 V 可调	二路	
2	万用表		1	
3	直流数字电压表	0～200 V	1	
4	直流数字毫安表	0～200 mV	1	
5	叠加原理实验电路板		1	

四、实验原理与说明

1. 基尔霍夫定律

基尔霍夫定律是电路的基本定律。它包括基尔霍夫电流定律（KCL）和基尔霍夫电压定律（KVL）。

（1）基尔霍夫电流定律（KCL）

在电路中，对任一结点，各支路电流的代数和恒等于零，即 $\sum I=0$。

（2）基尔霍夫电压定律（KVL）

在电路中，对任一回路，所有支路电压的代数和恒等于零，即 $\sum U=0$。

基尔霍夫定律表达式中的电流和电压都是代数量，运用时，必须预先任意假定电流和电压的参考方向。当电流和电压的实际方向与参考方向相同时，取值为正；相反时，取值为负。

基尔霍夫定律与各支路元件的性质无关，无论是线性的或非线性的电路，还是含源的或无源的电路，它都是普遍适用的。

2. 叠加原理

在线性电路中，有多个电源同时作用时，任一支路的电流或电压都是电路中每个独立电源单独作用时在该支路中所产生的电流或电压的代数和。某独立源单独作用时，其他独立源均需置零（电压源用短路代替，电流源用开路代替）。

线性电路的齐次性（又称比例性），是指当激励信号（某独立源的值）增加或减小 K 倍时，电路的响应（即在电路其他各电阻元件上所产生的电流和电压值）也将增加或减小 K 倍。

五、实验内容与步骤

1. 基尔霍夫定律实验

按图 4-3-1 接线。

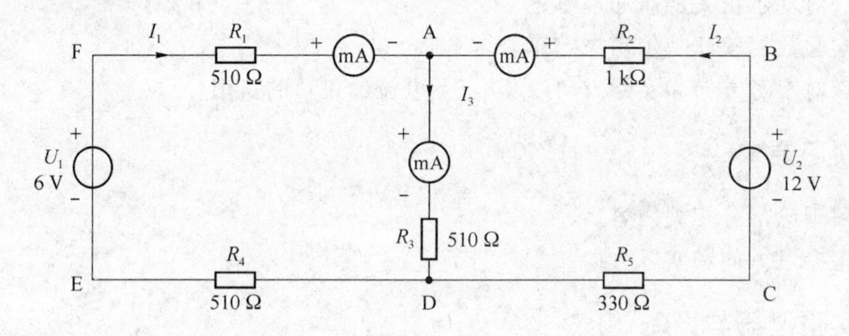

图 4-3-1　基尔霍夫实验接线图

（1）实验前，可任意假定三条支路电流的参考方向及三个闭合回路的绕行方向。图 4-3-1 中的电流 I_1、I_2、I_3的方向已设定，三个闭合回路的绕行方向可设为 ADEFA、BADCB 和 FBCEF。

（2）分别将两路直流稳压电源接入电路，令 $U_1=6$ V，$U_2=12$ V。

（3）将电路实验箱上的直流数字毫安表分别接入三条支路中，测量支路电流，数据记入表 4-3-1。此时应注意毫安表的极性应与电流的假定方向一致。

（4）用直流数字电压表分别测量两路电源及电阻元件上的电压值，数据记入表 4-3-1。

表 4-3-1　基尔霍夫定律实验数据

被测量	I_1/mA	I_2/mA	I_3/mA	U_1/V	U_2/V	U_{FA}/V	U_{AB}/V	U_{AD}/V	U_{CD}/V	U_{DE}/V
计算值										
测量值										
相对误差										

2. 叠加原理实验

（1）线性电阻电路

按图 4-3-2 接线，此时开关 K 投向 R_5（330 Ω）侧。

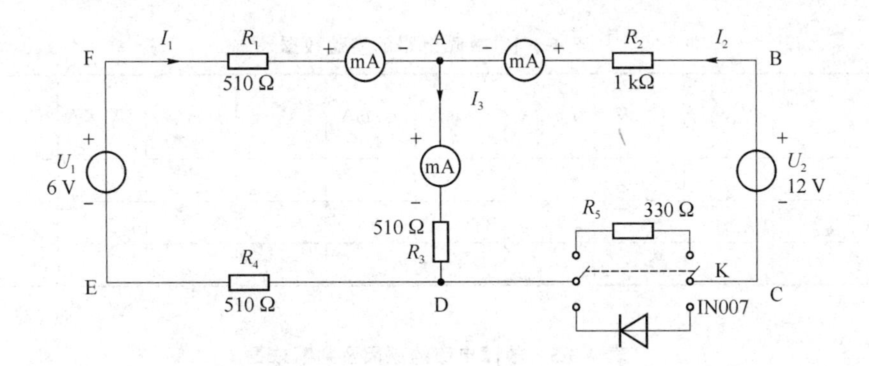

图 4-3-2　叠加原理实验接线图

① 分别将两路直流稳压电源接入电路,令 $U_1=12$ V,$U_2=6$ V。

② 令电源 U_1 单独作用,BC 短接,用毫安表和电压表分别测量各支路电流及各电阻元件两端电压,数据记入表 4-3-2。

③ 令 U_2 单独作用,此时 FE 短接。重复实验步骤②的测量,数据记入表 4-3-2。

④ 令 U_1 和 U_2 共同作用,重复上述测量,数据记入表 4-3-2。

表 4-3-2　叠加原理实验数据(线性电阻电路)

测量项目 实验内容	U_1/V	U_2/V	I_1/mA	I_2/mA	I_3/mA	U_{AB}/V	U_{CD}/V	U_{AD}/V	U_{DE}/V	U_{FA}/V
U_1 单独作用										
U_2 单独作用										
U_1、U_2 共同作用										
$2U_2$ 单独作用										

⑤ 取 $U_2=12$ V,重复步骤③的测量,数据记入表 4-3-2。

(2) 非线性电阻电路

按图 4-3-2 接线,此时开关 K 投向二极管 IN4007 侧。重复上述步骤①~⑤的测量过程,数据记入表 4-3-3。

表 4-3-3　叠加原理实验数据(非线性电阻电路)

测量项目 实验内容	U_1/V	U_2/V	I_1/mA	I_2/mA	I_3/mA	U_{AB}/V	U_{CD}/V	U_{AD}/V	U_{DE}/V	U_{FA}/V
U_1 单独作用										
U_2 单独作用										
U_1、U_2 共同作用										
$2U_2$ 单独作用										

(3) 判断电路故障

按图 4-3-2 接线,此时开关 K 投向 R_5(330 Ω)侧。任意按下某个故障设置按键,重复实验内容④的测量。数据记入表 4-3-4 中,将故障原因分析及判断依据填入表 4-3-5。

表 4-3-4 故障电路的实验数据

测量项目 实验内容	U_1/V	U_2/V	I_1/mA	I_2/mA	I_3/mA	U_{AB}/V	U_{CD}/V	U_{AD}/V	U_{DE}/V	U_{FA}/V
故障一										
故障二										
故障三										

表 4-3-5 故障电路的原因及判断依据

原因和依据 故障内容	故障原因	判断依据
故障一		
故障二		
故障三		

六、注意事项

1. 需要测量的电压值，均以电压表测量的读数为准。U_1、U_2也需测量，不应取电源本身的显示值。

2. 防止稳压电源两个输出端碰线短路。

3. 用指针式电压表或电流表测量电压或电流时，如果仪表指针反偏，则必须调换仪表极性，重新测量。此时指针正偏，可读得电压或电流值。若用数显电压表或电流表测量，则可直接读出电压或电流值。但应注意：所读得的电压或电流值的正确正、负号应根据设定的电流参考方向来判断。

4. 仪表量程的应及时更换。

七、实验报告要求

1. 根据实验数据，选定实验电路图 4-3-1 中的结点 A，验证 KCL 的正确性。

2. 根据实验数据，选定实验电路图 4-3-1 中任一闭合回路，验证 KVL 的正确性。

3. 根据实验数据，验证线性电路的叠加性与齐次性。

4. 实验总结及体会。

八、问题

1. 根据图 4-3-1 的电路参数，计算出待测的电流 I_1、I_2、I_3和各电阻上的电压值，记入表 4-3-1 中，以便实验测量时，可正确地选定毫安表和电压表的量程。

2. 实验中，若用指针式万用表直流毫安挡测各支路电流，在什么情况下可能出现指针反偏，应如何处理？在记录数据时应注意什么？若用直流数字毫安表进行测量时，则会有什么显示呢？

3. 实验电路中，若有一个电阻器改为二极管，试问叠加原理的叠加性与齐次性还成立吗？为什么？

实验四　电压源与电流源的等效变换

一、实验目的

1. 掌握电源外特性的测试方法。
2. 验证电压源与电流源等效变换的条件。

二、预习要求

1. 复习电压源与电流源的特性。
2. 复习电压源与电流源相互转换的条件。

三、实验仪器与设备

序号	名称	型号与规格	数量	备注
1	可调直流稳压电源	0～30 V	1	
2	可调直流恒流源	0～200 mA	1	
3	直流数字电压表	0～200 V	1	
4	直流数字毫安表	0～200 mA	1	
5	电阻器	120 Ω,200 Ω 300 Ω,1 kΩ		
6	可调电位器	0～1 000 Ω	1	

四、实验原理与说明

1. 一个直流稳压电源在一定的电流范围内，具有很小的内阻。故在实用中，常将它视为一个理想的电压源，即其输出电压不随负载电流而变。其外特性曲线，即其伏安特性曲线 $U=f(I)$ 是一条平行于 I 轴的直线。一个使用中的恒流源在一定的电压范围内，可视为一个理想的电流源。

2. 一个实际的电压源（或电流源），其端电压（或输出电流）不可能不随负载而变，因它具有一定的内阻值。故在实验中，用一个小阻值的电阻（或大电阻）与稳压源（或恒流源）相串联（或并联）来模拟一个实际的电压源（或电流源）。

3. 一个实际的电源，就其外部特性而言，既可以看成是一个电压源，又可以看成是一个电流源。若视为电压源，则可用一个理想的电压源 U_S 与一个电阻 R_O 相串联的组合来表示；若视为电流源，则可用一个理想电流源 I_S 与一电导 g_O 相并联的组合来表示。如果这两种电源能向同样大小的负载供出同样大小的电流和端电压，则称这两个电源是等效的，即具有相同的外特性。

一个电压源与一个电流源等效变换的条件为：$I_S=U_S/R_O$，$g_O=1/R_O$ 或 $U_S=I_SR_O$，$R_O=1/g$，

如图 4-4-1 所示。

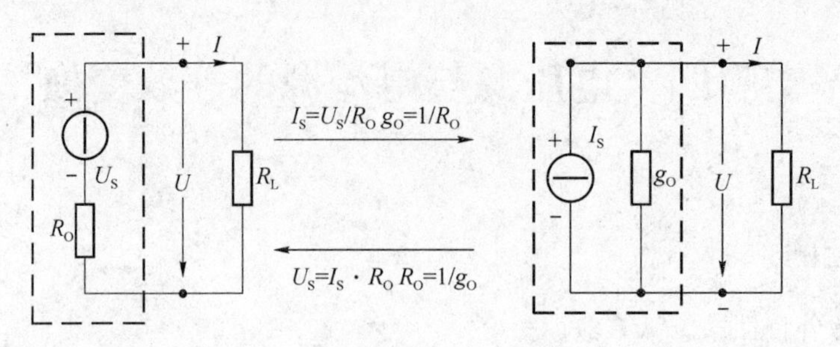

图 4-4-1 理想电压源、理想电流源电路图

五、实验内容与步骤

1. 测定直流稳压电源与实际电压源的外特性

(1) 按图 4-4-2 接线。U_S 为+6 V 直流稳压电源。调节 R_2,令其阻值由大至小变化,将电压表和电流表的读数记录到表 4-4-1。

(2) 按图 4-4-3 接线,虚线框可模拟为一个实际的电压源。调节 R_2,令其阻值由大至小变化,将电压表和电流表的读数记录到表 4-4-2。

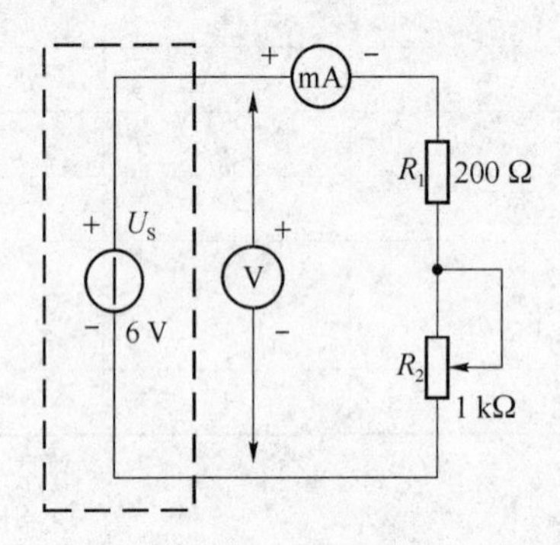

图 4-4-2 直流稳压电源外特性测试

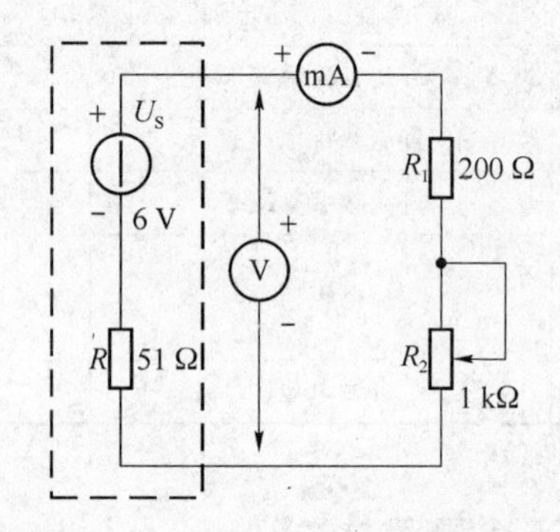

图 4-4-3 实际电压源外特性测试

表 4-4-1 测定直流稳压电源的外特性

U/V							
I/mA							

表 4-4-2 测定实际电压电源的外特性

U/V							
I/mA							

2. 测定电流源的外特性

按图 4-4-4 接线,I_S 为直流恒流源,调节其输出为 10 mA,令 R_O分别为 1 kΩ 和∞(即接入和断开),调节电位器 R_L(从 0~1 kΩ),测出这两种情况下的电压表和电流表的读数。将数据记录到表 4-4-3 和表 4-4-4。

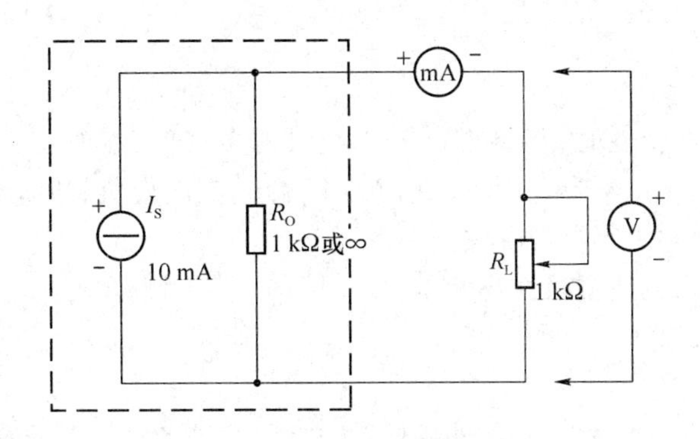

图 4-4-4　测定电流源的外特性

表 4-4-3　$R_O=1\ k\Omega$ 时电流源的外特性

$R_O=1\ k\Omega$

R_L/Ω	0	100	300	500	700	900	1 000
I/mA							
U/V							

表 4-4-4　$R_O=\infty$ 时电流源的外特性

$R_O=\infty$

R_L/Ω	0	100	300	500	700	900	1 000
I/mA							
U/V							

3. 测定电源等效变换的条件

先按图 4-4-5(a)线路接线，记录线路中两表的读数。然后利用图 4-4-5(a)中右侧的元件和仪表，按图 4-4-5(b)接线。调节恒流源的输出电流 I_S，使两表的读数与 4-4-5(a)时的数值相等，记录 I_S 之值，验证等效变换条件的正确性。

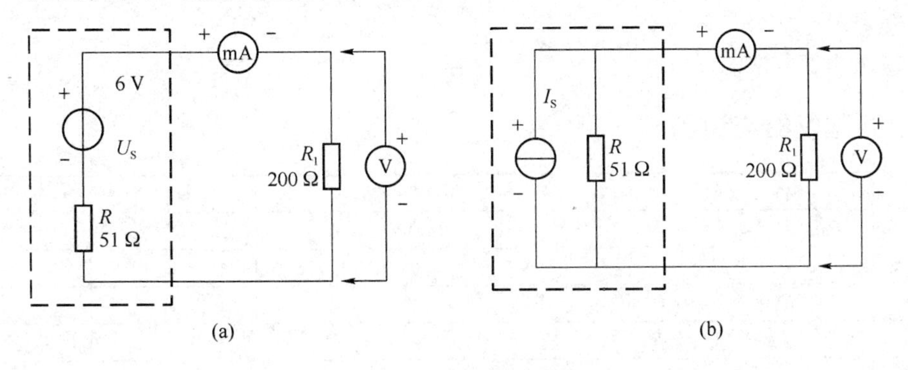

图 4-4-5　验证等效变换条件

六、注意事项

1. 在测试电压源外特性时，不要忘记测空载时的电压值；在改变负载时，不允许负载短路。测试电流源外特性时，不要忘记测短路时的电流值；在改变负载时，不允许负载开路。

2. 换接线路时，必须关闭电源开关。

3. 直流仪表的接入应注意极性与量程。

七、实验报告要求

1. 根据实验数据绘出电源的 4 条外特性，并总结、归纳各类电源的特性。

2. 从实验结果验证电源等效变换的条件。

3. 心得体会及其他。

八、问题

1. 分析理想电压源和电压源(理想电流源和电流源)输出端发生短路(开路)情况时，对电源的影响。

2. 电压源与电流源的外特性为什么呈下降变化趋势，理想电压源和理想电流源的输出在任何负载下是否保持恒值？

实验五　受控源 VCVS、VCCS、CCVS、CCCS 的研究

一、实验目的

1. 熟悉受控源的基本特征。

2. 测试 4 种受控源的特性。

二、预习要求

1. 复习理论部分相关内容。

2. 掌握测试方法。

三、实验仪器与设备

序号	名称	型号与规格	数量	备注
1	可调直流稳压源	0～30 V	1	
2	可调恒流源	0～200 mA	1	
3	直流数字电压表	0～200 V	1	
4	直流数字毫安表	0～200 mA	1	
5	可变电阻箱	0～99 999.9 Ω	1	
6	受控源实验电路板		1	

四、实验原理与说明

1. 电源有独立电源(如电池、发电机等)与非独立电源(或称为受控源)之分。

受控源与独立源的不同点是:独立源的电势 E_s 或电激流 I_s 是某一固定的数值或是时间的某一函数,它不随电路其余部分的状态而变。而受控源的电势或电激流则是随电路中另一支路的电压或电流而变的一种电源。

受控源又与无源元件不同,无源元件两端的电压和它自身的电流有一定的函数关系,而受控源的输出电压或电流则和另一支路(或元件)的电流或电压有某种函数关系。

2. 独立源与无源元件是二端器件,受控源则是四端器件,或称为双口元件。它有一对输入端(U_1、I_1)和一对输出端(U_2、I_2)。输入端可以控制输出端电压或电流的大小。施加于输入端的控制量可以是电压或电流,因而有两种受控电压源(即电压控制电压源 VCVS 和电流控制电压源 CCVS)和两种受控电流源(即电压控制电流源 VCCS 和电流控制电流源 CCCS)。它们的示意图如图 4-5-1 所示。

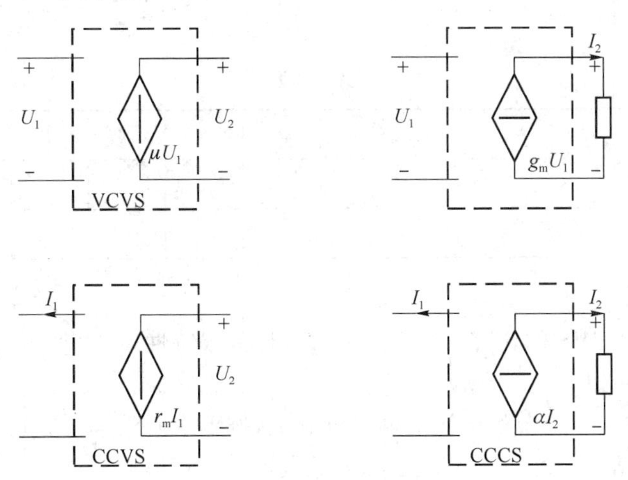

图 4-5-1　4 种受控源模型

3. 当受控源的输出电压(或电流)与控制支路的电压(或电流)成正比变化时,则称该受控源是线性的。

理想受控源的控制支路中只有一个独立变量(电压或电流),另一个独立变量等于零,即从输入口看,理想受控源或者是短路(即输入电阻 $R_1=0$,因而 $U_1=0$)或者是开路(即输入电导 $G_1=0$,因而输入电流 $I_1=0$);从输出口看,理想受控源或者是一个理想电压源或者是一个理想电流源。

4. 受控源的控制端与受控端的关系式称为转移函数。

4 种受控源的转移函数参量的定义如下:

(1) 压控电压源(VCVS):$U_2=f(U_1)$,$\mu=U_2/U_1$ 称为转移电压比(或电压增益)。

(2) 压控电流源(VCCS):$I_2=f(U_1)$,$g_m=I_2/U_1$ 称为转移电导。

(3) 流控电压源(CCVS):$U_2=f(I_1)$,$r_m=U_2/I_1$ 称为转移电阻。

(4) 流控电流源(CCCS):$I_2=f(I_1)$,$\alpha=I_2/I_1$ 称为转移电流比(或电流增益)。

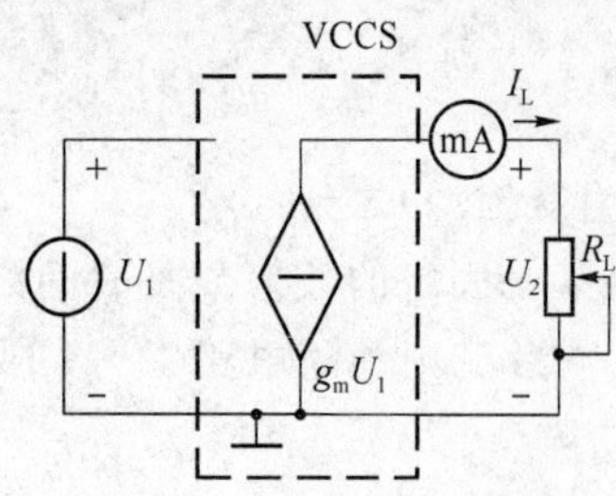

图 4-5-2　VCCS 实验线路图

五、实验内容与步骤

1. 测量受控源 VCCS 的转移特性 $I_L=f(U_1)$ 及负载特性 $I_L=f(U_2)$，实验线路如图 4-5-2 所示。

(1) 固定 $R_L=2\ k\Omega$，调节稳压电源的输出电压 U_1，测出相应的 I_L 值，在表 4-5-1 中记录相关数据，绘制 $I_L=f(U_1)$ 曲线，并由其线性部分求出转移电导 g_m。

表 4-5-1

U_1/V	0.5	1.0	3.0	5.0	7.0	9.0	10.0	10.5	11.0	12.0	13.0	g_m
I_L/mA												

(2) 保持 $U_1=2$ V，令 R_L 从大到小变化，测出相应的 I_L 及 U_2，在表 4-5-2 中记录相关数据，绘制 $I_L=f(U_2)$ 曲线。

表 4-5-2

R_L/kΩ	50	40	30	20	10	8	7	6	5	4	2	1	0
I_L/mA													
U_2/V													

2. 测量受控源 CCVS 的转移特性 $U_2=f(I_1)$ 与负载特性 $U_2=f(I_L)$，实验线路如图 4-5-3 所示。

(1) 固定 $R_L=2\ k\Omega$，调节恒流源的输出电流 I_s，按下表所列 I_s 值，测出 U_2，在表 4-5-3 中记录相关数据，绘制 $U_2=f(I_1)$ 曲线，并由其线性部分求出转移电阻 r_m。

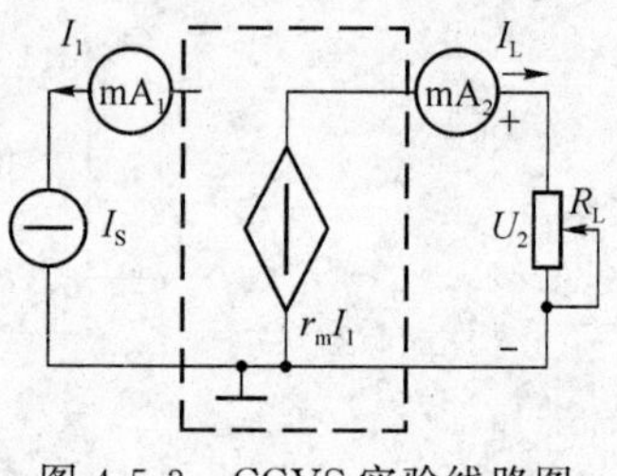

图 4-5-3　CCVS 实验线路图

表 4-5-3

I_1/mA	0.10	0.20	0.30	0.40	0.50	0.60	0.70	0.80	r_m
U_2/V									

(2) 保持 $I_s=0.3$ mA，按下表所列 R_L 值，测出 U_2 及 I_L，在表 4-5-4 中记录相关数据，绘制负载特性曲线 $U_2=f(I_L)$。

表 4-5-4

R_L/kΩ	0.5	1	2	4	6	8	10
U_2/V							
I_L/mA							

3. VCVS 和 CCCS 特性测试

VCVS 和 CCCS 可以通过 CCVS 和 VCCS 级联组成，实验方法及步骤同上第一步和第二步，电路图和表格学生自己设计。

六、注意事项

1. 每次组装线路，必须事先断开供电电源，但不必关闭电源总开关。
2. 用恒流源供电的实验中，不要使恒流源的负载开路。

七、实验报告要求

1. 根据实验数据，在方格纸上分别绘出 4 种受控源的转移特性和负载特性曲线，并求出相应的转移参量。
2. 对思考题做必要的回答。
3. 对实验的结果做出合理的分析和结论，总结对 4 种受控源的认识和理解。
4. 心得体会及其他。

八、问题

1. 受控源和独立源相比有何异同点？比较 4 种受控源的代号、电路模型、控制量与被控量的关系如何？
2. 4 种受控源中的 r_m、g_m、α 和 μ 的意义是什么？如何测得？
3. 若受控源控制量的极性反向，试问其输出极性是否发生变化？
4. 受控源的控制特性是否适合于交流信号？
5. 如何由两个基本的 CCVS 和 VCCS 获得其他两个 CCCS 和 VCVS，它们的输入/输出如何连接？

实验六　戴维南定理和诺顿定理的验证

一、实验目的

1. 通过实验来验证戴维南定理和诺顿定理。
2. 掌握几种测量电源内阻及开路电压的方法。
3. 加深对“等效”概念的理解。
4. 研究直流电源的最大输出功率和效率。

二、预习要求

1. 复习理论部分相关内容。
2. 学习几种测量电源内阻以及开路电压的方法。

三、实验仪器与设备

序号	名称	型号与规格	数量	备注
1	可调直流稳压电源	0～30 V	1	
2	可调直流恒流源	0～500 mA	1	
3	直流数字电压表	0～200 V	1	
4	直流数字毫安表	0～200 mA	1	
5	万用表		1	
6	可调电阻箱	0～99 999.9 Ω	1	
7	电位器	1 K/2 W	1	
8	戴维南定理实验电路板		1	

四、实验原理与说明

1. 戴维南定理

戴维南定理是指一个线性含源一端口网络 N，就其两个端钮 a，b 来看可以用一个理想电压源和一个电阻的串联来代替，如图 4-6-1 所示。其中电压源的电压等于该网络 N 的开路电压 U_{OC}；串联电阻 R_O 等于网络 N 中所有独立源置零时 a、b 端的等效电阻。

测试等效内阻 R_O 的方法如下所述。

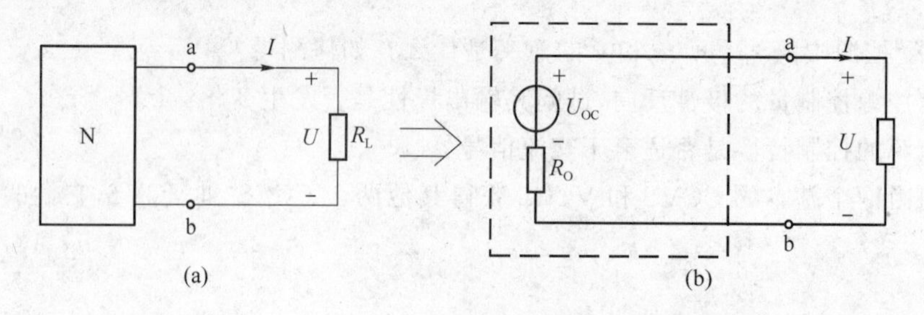

图 4-6-1　戴维南定理

方法一：将该网络中的独立源置零，直接用万用表的电阻挡（×10）测 a、b 两端电阻。

方法二：测该网络的开路电压 U_{OC} 和短路电流 I_{SC}，则$R_O=\dfrac{U_{OC}}{I_{SC}}$。

方法三：测该网络的开路电压 U_{OC}，且在一端口 a、b 两端接一固定电阻 R，测量其电压 U，则可计算出 R_O：

$$R_O=\frac{U_{OC}-U}{U}R$$

2. 诺顿定理

诺顿定理是指一线性含源一端口网络 N，就其两个端钮 a、b 来看可以用一个理想电流源和一个电阻的并联来代替，如图 4-6-2 所示。其中电流源的电流等于该网络 N 的短路电流 I_{SC}；并联电阻 R_O 等于网络 N 中所有独立源置零时 a、b 端的等效电阻。

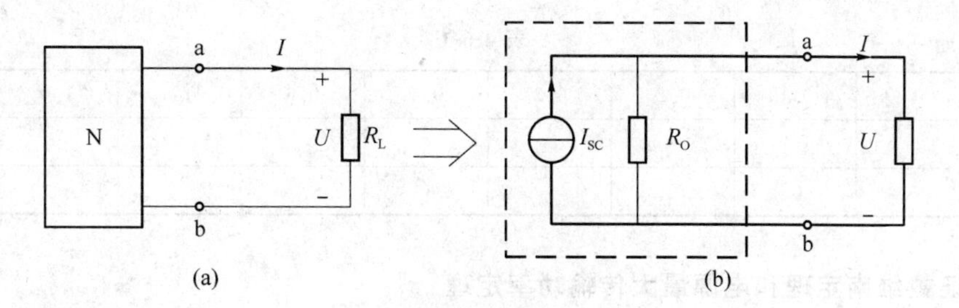

图 4-6-2　诺顿定理

最大功率传输定理如图 4-6-3 所示，负载 R_L 所获得的功率 P_L 为

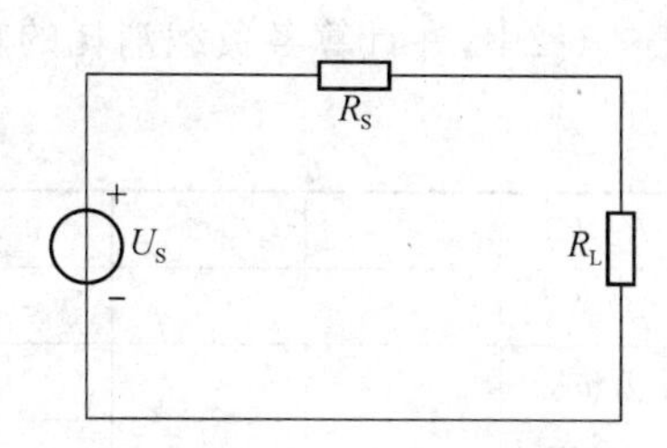

图 4-6-3　最大功率传输定理

$$P_L = I_L^2 R_L = \left(\frac{U_S}{R_S + R_L}\right)^2 R_L$$

$$= \frac{U_S^2}{R_S + R_L} \cdot \frac{R_L}{R_S + R_L} = P_S \eta$$

式中 P_S 为电源发出的功率，$P_S = \frac{U_S^2}{R_S + R_L}$；$\eta$ 为传输效率，$\eta = \frac{R_L}{R_S + R_L}$。

当 $R_L = R_S$ 时，负载 R_L 所获得的最大功率 P_{Lmax} 为

$$P_{Lmax} = \frac{U_S^2 R_S}{(2R_S)^2} = \frac{U_S^2}{4R_S^3}$$

可见，当 $R_L = R_S$ 时，负载 R_L 可以获得最大功率，此种情况称为 R_L 与 R_S 匹配。

五、实验内容与步骤

1. 测定含源一端口网络的伏安特性

测定含源一端口网络的伏安特性，实验电路如图 4-6-4(a)所示，R_L 为可变电阻，A、B 左侧为被测含源一端口网络，接通电源后调节 R_L 的数值分别为表 4-6-1 所列各值，记录相应的电流和电压于表 4-6-1 中，根据表中数据得出戴维南定理等效电路。

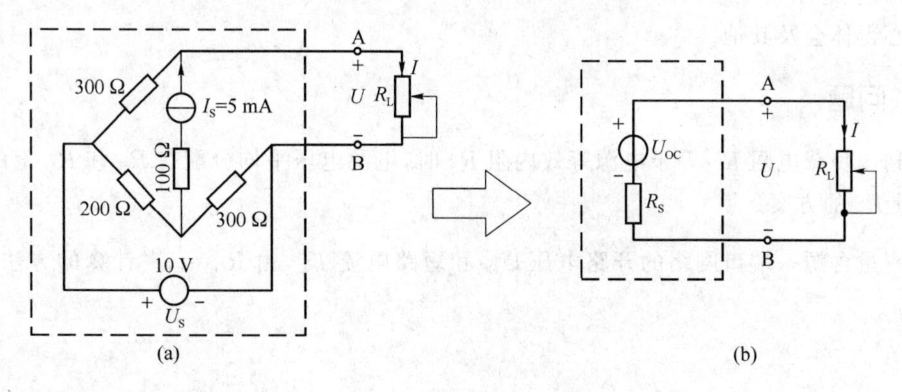

图 4-6-4　实验线路图

U_{OC} =　　　　　　　　　　R_S =

表 4-6-1

$R_L/k\Omega$	0	0.1	0.2	0.3	0.4	0.6	0.8	1.0	∞
U/V									
I/mA									

2. 验证戴维南定理和电源最大传输功率定理

测定含源一端口网络等效电路的伏安特性，实验电路如图 4-6-4(b)所示，测量数据记入表 4-6-2中，并计算各负载消耗的功率和传输效率。

表 4-6-2

$R_L/k\Omega$	0	0.1	0.2	0.3	0.4	0.6	0.8	1.0	∞
U/V									
I/mA									
P_L/W									
η									

3. 验证诺顿定理

实验电路图和数据表格自拟。

六、注意事项

1. 独立源置零，即电压源所在的支路短路，电流源所在的支路开路。
2. 试验完成后先关掉实验台上的所有电源，然后再拆线。

七、实验报告要求

1. 用实验数据验证戴维南定理和诺顿定理。
2. 画出实验结果曲线。
3. 归纳、总结实验结果。
4. 心得体会及其他。

八、问题

1. 利用负载电阻 R_L 等于电源等效内阻 R_S 时，电源电压平均分配在 R_S 和 R_L 上的规律，提出测量 R_S 的方案。

2. 测量含源一端口网络的开路电压 U_{OC} 和短路电流 I_{SC}，由 $R_O=\frac{U_{OC}}{I_{SC}}$计算的方法有什么使用条件？

实验七　典型电信号的观察与测量

一、实验目的

1. 熟悉低频信号发生器、脉冲信号发生器各旋钮、开关的作用及其使用方法。
2. 初步掌握用示波器观察电信号波形，定量测出正弦信号和脉冲信号的波形参数。
3. 初步掌握示波器、信号发生器的使用。

二、预习要求

1. 了解示波器和信号源的原理和结构。
2. 复习理论部分相关内容。

三、实验仪器与设备

序号	名称	型号与规格	数量	备注
1	双踪示波器		1	
2	低频、脉冲信号发生器		1	
3	交流毫伏表	0～600 V	1	
4	频率计		1	

四、实验原理与说明

1. 正弦交流信号和方波脉冲信号是常用的电激励信号，可分别由低频信号发生器和脉冲信号发生器提供。正弦信号的波形参数是幅值 U_m、周期 T(或频率 f)和初相；脉冲信号的波形参数是幅值 U_m、周期 T 及脉宽 t_k。本实验装置能提供的频率范围为 20 Hz～50 kHz 的正弦波及方波，并有 6 位 LED 数码管显示信号的频率。正弦波的幅度值在 0～5 V 之间连续可调，方波的幅度为 1～3.8 V 可调。

2. 电子示波器是一种信号图形观测仪器，可测出电信号的波形参数。从荧光屏的 Y 轴刻度尺并结合其量程分挡选择开关(Y 轴输入电压灵敏度 V/div 分挡选择开关)读得电信号的幅值；从荧光屏的 X 轴刻度尺并结合其量程分挡(时间扫描速度 t/div 分挡)选择开关，读得电信号的周期、脉宽、相位差等参数。为了完成对各种不同波形、不同要求的观察和测量，它还有一些其他的调节和控制旋钮，希望在实验中加以摸索和掌握。

一台双踪示波器可以同时观察和测量两个信号的波形和参数。

五、实验内容与步骤

1. 双踪示波器的自检

将示波器面板部分的“标准信号”插口，通过示波器专用同轴电缆接至双踪示波器的 Y 轴输入插口 YA 或 YB 端,然后开启示波器电源,指示灯亮。稍后,协调地调节示波器面板上的"辉度"、"聚焦"、"辅助聚焦"、"X 轴位移"、"Y 轴位移"等旋钮,使在荧光屏的中心部分显示出线条细而清晰、亮度适中的方波波形;通过选择幅度和扫描速度,并将它们的微调旋钮旋至"校准"位置,从荧光屏上读出该"标准信号"的幅值与频率,并与标称值(1 V,1 kHz)作比较,如相差较大,请指导老师给予校准。

2. 正弦波信号的观测

(1) 将示波器的幅度和扫描速度微调旋钮旋至"校准"位置。

(2) 通过电缆线,将信号发生器的正弦波输出口与示波器的 YA 插座相连。

(3) 接通信号发生器的电源,选择正弦波输出。通过相应调节,使输出频率分别为50 Hz、1.5 kHz 和 20 kHz(由频率计读出);再使输出幅值分别为有效值 0.1 V、1 V、3 V(由交流毫伏表读得)。调节示波器 Y 轴和 X 轴的偏转灵敏度至合适的位置,从荧光屏上读得幅值及周期,记入表 4-7-1 和表 4-7-2 中。

表 4-7-1

频率计读数所测项目	正弦波信号频率的测定		
	50 Hz	1 500 Hz	20 000 Hz
示波器"t/div"旋钮位置			
一个周期占有的格数			
信号周期(s)			
计算所得频率(Hz)			

表 4-7-2

交流毫伏表读数所测项目	正弦波信号幅值的测定		
	0.1 V	1 V	3 V
示波器"V/div"位置			
峰-峰值波形格数			
峰-峰值			
计算所得有效值			

3. 方波脉冲信号的观察和测定

(1) 将电缆插头换接在脉冲信号的输出插口上,选择方波信号输出。

(2) 调节方波的输出幅度为 3.0V_{P-P}(用示波器测定),分别观测 100 Hz,3 kHz 和30 kHz 方波信号的波形参数。

(3) 使信号频率保持在 3 kHz,选择不同的幅度及脉宽,观测波形参数的变化。

六、注意事项

1. 示波器的辉度不要过亮。

2. 调节仪器旋钮时,动作不要过快、过猛。

3. 调节示波器时,要注意触发开关和电平调节旋钮的配合使用,以使显示的波形稳定。

4. 作定量测定时，“t/div”和“V/div”的微调旋钮应旋置“标准”位置。

5. 为防止外界干扰，信号发生器的接地端与示波器的接地端要相连(称共地)。

6. 不同品牌的示波器，各旋钮、功能的标注不尽相同，实验前请详细阅读所用示波器的说明书。

7. 实验前应认真阅读信号发生器的使用说明书。

七、实验报告要求

1. 整理实验中显示的各种波形，绘制有代表性的波形。

2. 总结实验中所用仪器的使用方法及观测电信号的方法。

3. 心得体会及其他。

八、问题

1. 示波器面板上“t/div”和“V/div”的含义是什么？

2. 观察本机“标准信号”时，要在荧光屏上得到两个周期的稳定波形，而幅度要求为五格，试问 Y 轴电压灵敏度应置于哪一挡位置？“t/div”又应置于哪一挡位置？

3. 应用双踪示波器观察到如图 4-7-1 所示的两个波形，Y_A 和 Y_B 轴的“V/div”的指示均为 0.5 V，“t/div”指示为 20 μS，试写出这两个波形信号的波形参数。

4. 如用示波器观察正弦信号时，荧光屏上出现图 4-7-2 所示的几种情况时，试说明测试系统中哪些旋钮的位置不对？应如何调节？

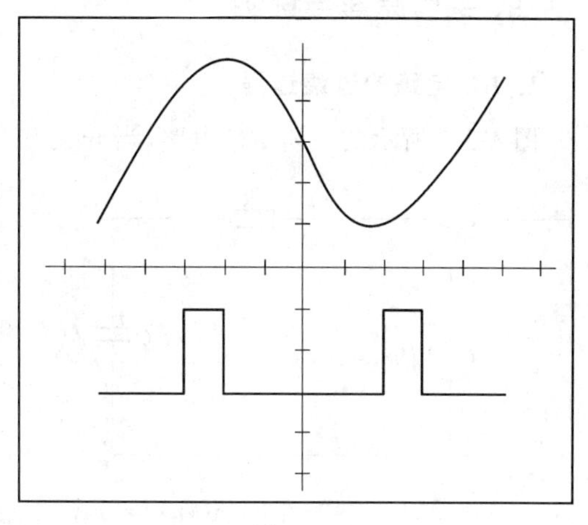

图 4-7-1

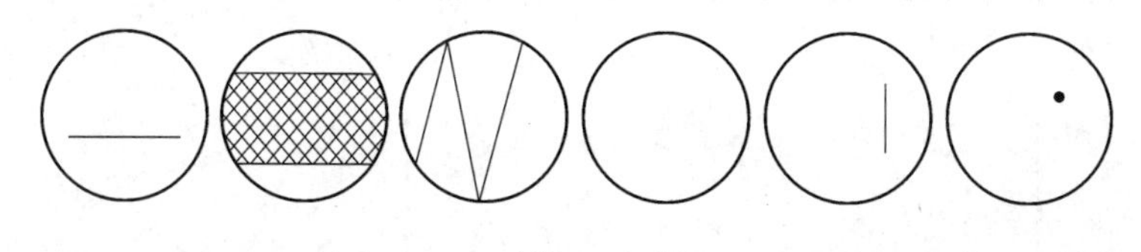

图 4-7-2

实验八　一阶电路过渡过程的研究

一、实验目的

1. 研究一阶电路的零状态响应和零输入响应的基本规律及其特点，加深对 RC 电路过渡过程的理解，并观察电路参数对响应的影响。

2. 学习利用示波器观察 RC 电路充电、放电的过渡过程及测定其时间常数 τ 的方法。

二、预习要求

1. 复习理论部分相关内容。
2. 熟悉示波器的使用方法。

三、实验仪器与设备

序号	名称	型号与规格	数量	备注
1	函数信号发生器		1	
2	双踪示波器		1	
3	动态电路实验板		1	

四、实验原理与说明

1. RC 电路的过渡过程

图 4-8-1 所示的一阶 RC 电路，当开关 S 合向 1 时，电路与直流稳压源 U_S 相接，为电容充电。过渡过程开始，随着时间增长，电容两端的电压 $U_C(t)$ 逐渐增大，经 3～5τ，过渡过程即充电过程结束，电路达到稳态。由于电路的响应仅由电压源 U_S 产生，初始状态为零，所以称其为零状态响应。其波形如图 4-8-2(a)所示。

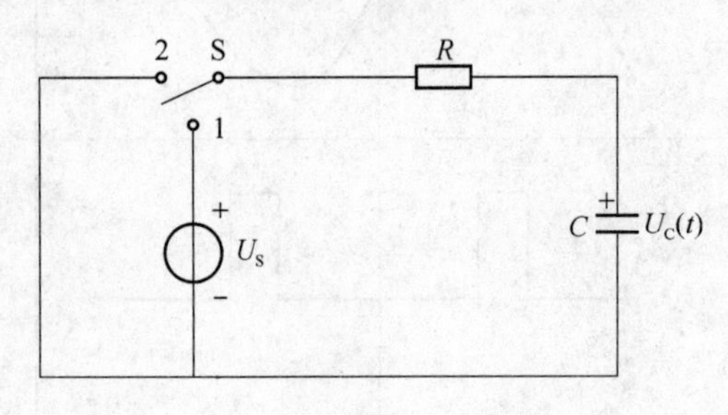

图 4-8-1　一阶 RC 电路

$$U_C(t) = U_S(1 - e^{\frac{1}{\tau}}) \qquad (t \geqslant 0)$$

当开关 S 合向 2 时，电容储存的电场能开始释放，即电容放电。因为此时电路的响应是在没有加激励信号的作用下，仅由电路的初始状态 $U_C(0)$ 引起的，所以称之为零输入响应。其波形如图 4-8-2(b)所示。

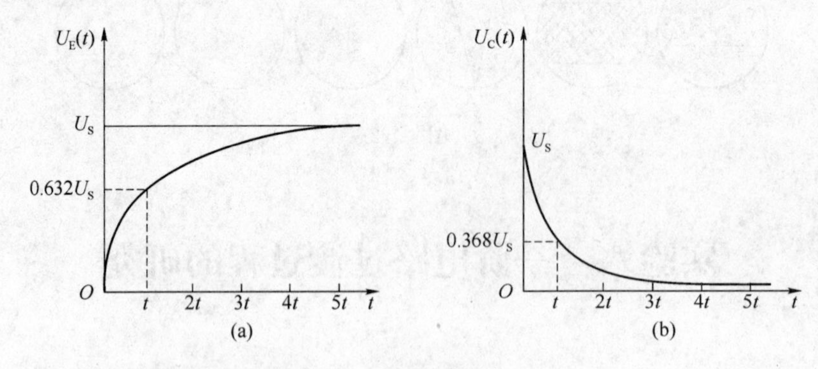

图 4-8-2　电容过渡过程曲线

在工程技术当中，我们认为电路的过渡过程经过 3～5τ 之后即告结束。因此，如果 τ 很小，则电路的过渡过程是很短暂的。这样，用示波器就不能观察到响应的波形。为了能在普通示波器上观察到响应的波形，就必须使这些波形周期性地重复出现。因此，我们选用信号发生器的方形电压输出作为激励。

2. 用示波器测定时间常数 τ

用示波器上的坐标可以确定时间常数 τ。调整 Y 轴增益，使电容 C 充电后，其电压幅值为 5.5 格，电容电压上升到电压幅值的 63.2%时(即 5.5×63.2%=3.3 格)对应的时间恰好是 τ。同样，当电容放电时，电压下降到电压幅值的 36.8%时(5.5×36.8%=2 格)对应的时间恰好是 τ。

五、实验内容与步骤

1. 用示波器观察输入方波信号

调节电压为 5 V，f=0.2～2 kHz，然后将信号接入电路。用示波器观察并描绘 U_R 和 U_C 的波形，并说明此波形为何波形，连线如图 4-8-3 所示，且 R=1 kΩ，C=0.1 μF。

2. 零输入响应

零输入响应实验线路如图 4-8-4 所示，开关 S 闭合，电路与直流稳压源 U_S=10 V 相接，当开关 S 断开时，电容储存的电场能开始释放，即电容放电。用示波器测 U_C 的波形，记下响应的波形，记录数据填入表 4-8-1 中，并用实验的方法计算出 τ 的值。

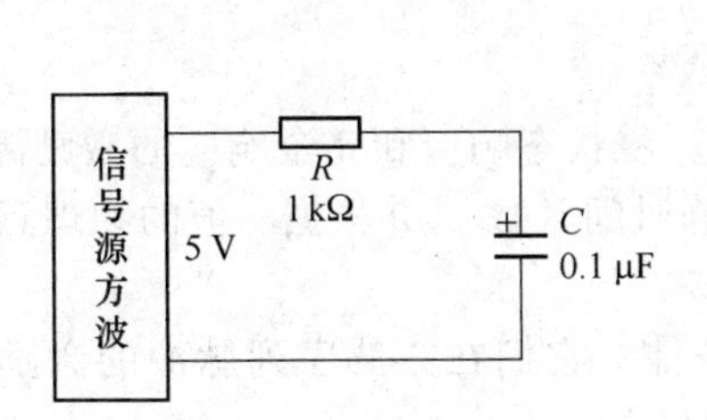

图 4-8-3　方波信号实验线路图

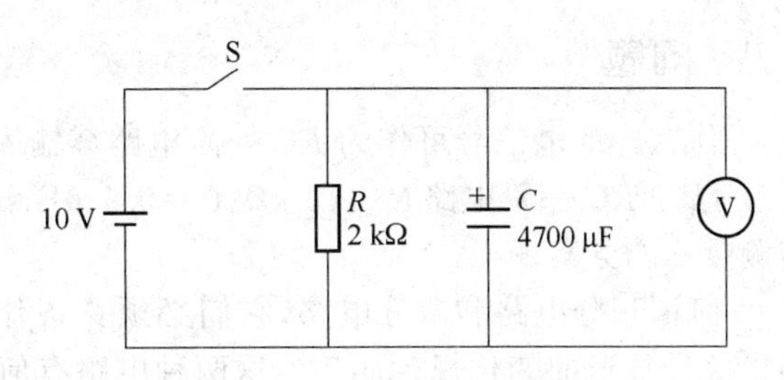

图 4-8-4　零输入响应实验线路图

表 4-8-1

t/s	0	3	6	9	12	15	18	21	24	27	30	…	54	57	60
U/V	10														

3. 零状态响应

零状态响应实验线路如图 4-8-5 所示，开关 S 先闭合，电路与直流稳压源 U_S=10V 相接，当开关 S 断开时，为电容充电。过渡过程开始，随时间的增长，电容两端的电压 $U_C(t)$ 逐渐增大，经 3～5τ 过渡过程即充电过程结束，电路达到稳态。用示波器测 U_C 的波形，记下响应的波形，记录数据填入表 4-8-2 中，并用实验的方法计算出 τ 的值。

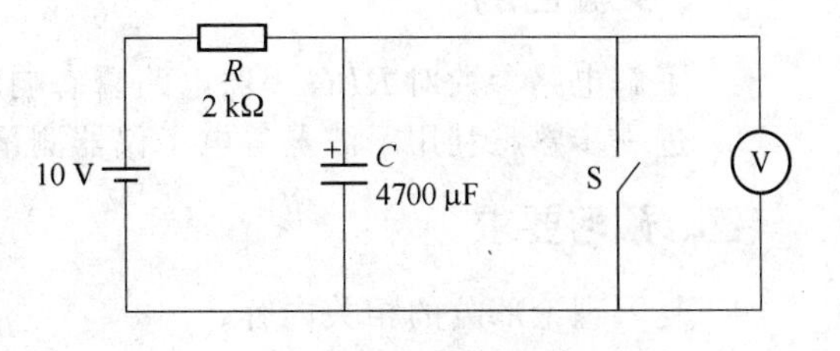

图 4-8-5　零状态响应实验线路图

表 4-8-2

t/s	0	3	6	9	12	15	18	21	24	27	30	…	54	57	60
U/V	10														

六、注意事项

1. 记录数据时,可以同学之间互相配合,保证数据准确。

2. 调节电子仪器各旋钮时,动作不要过快、过猛。实验前,需熟读双踪示波器的使用说明书。观察双踪时,要特别注意相应开关、旋钮、选频电路实验板的操作与调节。

3. 信号源的接地端与示波器的接地端要连在一起(称共地),以防外界干扰而影响测量的准确性。

4. 示波器的辉度不应过亮,尤其是光点长期停留在荧光屏上不动时,应将辉度调暗,以延长示波管的使用寿命。

七、实验报告要求

1. 根据实验观测结果,在方格纸上绘出 RC 一阶电路充放电时 U_C 的变化曲线,由曲线测得 τ 值,并与参数值的计算结果作比较,分析误差原因。

2. 根据实验观测结果,归纳、总结积分电路和微分电路的形成条件,阐明波形变换的特征。

3. 心得体会及其他。

八、问题

1. 什么样的电信号可作为 RC 一阶电路零输入响应、零状态响应和完全响应的激励源?

2. 已知 RC 一阶电路 $R=10\ \text{k}\Omega$,$C=0.1\ \mu\text{F}$,试计算时间常数 τ,并根据 τ 值的物理意义,拟定测量 τ 的方案。

3. 何谓积分电路和微分电路,它们必须具备什么条件?它们在方波序列脉冲的激励下,其输出信号波形的变化规律如何?这两种电路有何功用?

实验九　*RLC* 二阶串联电路暂态响应

一、实验目的

1. 了解电路参数对 RLC 串联电路瞬态响应的影响。

2. 进一步熟悉利用示波器等电子仪器测量电路瞬态响应的方法。

二、预习要求

1. 复习理论部分的相关内容。

2. 了解电路参数对 RLC 串联电路瞬态响应的影响。

三、实验仪器与设备

序号	名称	型号与规格	数量	备注
1	函数信号发生器		1	
2	双踪示波器		1	
3	动态电路实验板		1	

四、实验原理与说明

RLC 串联电路，无论是零输入响应，或是零状态响应，电路过渡过程的性质完全由特性方程 $LCP^2+RCP+1=0$ 的特征根

$$P=-\frac{R}{2L}\pm\sqrt{\left(\frac{R}{2L}\right)^2-\frac{1}{LC}}=-\delta\pm\sqrt{\delta^2-\omega_0^2}$$

来决定。

式中，$\delta=\frac{R}{2L}$，$\omega_0=\frac{1}{\sqrt{LC}}$。

1. 如果 $R>2\sqrt{\frac{L}{C}}$，则 P 为 2 个不相等的负根，电路过渡过程的性质为过阻尼的非振荡过程。

2. 如果 $R=2\sqrt{\frac{L}{C}}$，则 P 为 2 个相等的负根，电路过渡过程的性质为临界阻尼过程。

3. 如果 $R<2\sqrt{\frac{L}{C}}$，则 P 为一对共轭复根，电路过渡过程的性质为欠阻尼的振荡过程。

从能量变化的角度来说，由于 RLC 电路中存在着两种不同性质的储能元件，因此它的过渡过程就不仅是单纯的积累能量和放出能量，还可能发生电容的电场能量和电感的磁场能量互相反复变换的过程，这一点决定于电路参数。当电阻比较小(该电阻应是电感线圈本身的电阻和回路中其余部分电阻之和)。电阻上消耗的能量较小，而 L 和 C 之间的能量交换占主导位置。所以电路中的电流表现为振荡过程，当电阻较大时，能量来不及交换就在电阻中消耗掉了，使电路只发生单纯的积累或放出能量的过程，即非振荡过程。

在电路发生振荡过程时，其振荡的性质也可以分为 3 种情况。

(1) 衰减振荡：电路中电压或电流的振荡幅度按指数规律逐渐减小，最后衰减到零。

(2) 等幅振荡：电路中电压或电流的振荡幅度保持不变，相当于电路中电阻为零，振荡过程不消耗能量。

(3) 增幅振荡：此时电压或电流的振荡幅度按指数规律逐渐增加，相当于电路中存在负值电阻，振荡过程中逐渐得到能量补充。所以 RLC 二阶电路瞬态响应的各种形式与条件可归结如下：

非振荡过阻尼状态	$R>2\sqrt{\frac{L}{C}}$
非振荡临界阻尼状态	$R=2\sqrt{\frac{L}{C}}$
衰减振荡状态	$R<2\sqrt{\frac{L}{C}}$
等幅振荡状态	$R=0$
增幅振荡状态	$R<0$

五、实验内容与步骤

1. RLC 串联电路实验接线如图 4-9-1 所示。图中 L、C、R 为电感、电容、电阻元件，改变电阻的参数可获得各种响应状态。信号发生器的输出接地端与示波器的输入接地端连接。振荡电

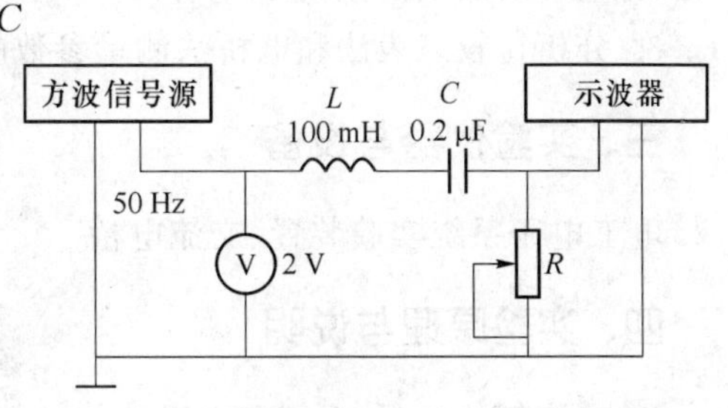

图 4-9-1　RLC 串联电路实验线路图

路中电流 I 在 R 上产生取样信号，电压加于示波器的输入端即能观察测得 $I=f(t)$ 的波形与数值。测定 RLC 电路非振荡临界响应时，必须仔细观察振荡电路是否经过最大值后逐渐衰减至零，如果电流衰减中有变向至负值再衰减为零，说明还是振荡状态。

2. 信号源选择方波信号，频率为 50 Hz，输出幅度 2 V 固定不变，L 可用互感线圈的一次侧或二次侧线圈，C 选用 0.2 μF，电阻 R 在 100 Ω～1 kΩ 范围内改变，观察并描绘 U_R、U_L 和 U_C 的波形。

六、注意事项

1. 注意正确连线。
2. 仔细调节示波器和函数信号发生器。

七、实验报告要求

1. 用实验数据验证对 RLC 串联电路瞬态响应的影响。
2. 计算结果与实验结果进行比较，说明误差原因。

八、问题

试从能量的角度来解释二阶电路的振荡原理。

实验十　交流电桥测参数

一、实验目的

1. 了解交流电桥的工作原理。
2. 学习用交流电桥测定元件的交流参数。
3. 通过阅读产品使用说明书，练习并掌握测量仪器的使用方法。

二、预习要求

1. 交流电桥的平衡条件和调节平衡的特点是什么？
2. 电感的品质因数 Q 和电容的介质损耗因数 D 的物理意义是什么？
3. 分析比较三表法和电桥法测量参数的特点和适用场合。

三、实验仪器与设备

电工电子系统实验装置、交流电桥

四、实验原理与说明

1. 交流等效电阻、电容和电感等效参数，除了用三表法测量以外，还可以用交流电桥直接测出。

交流电桥是将被测元件和标准量具(如标准电感、标准电容、标准电阻)在电桥线路上进行比较的校量仪器,因此测量准确度较高。交流电桥的种类很多,有专用电桥(如电容电桥、电感电桥等)和各种万用电桥。万用电桥通过转换开关能测量电阻、电容和电感等各种参数。

2. 本实验由学生本人独立完成,教师一般不作讲解。因此课前必须充分预习有关电桥知识的内容。实验时,先阅读电桥使用说明书。熟悉电桥面板的各个旋钮和开关的使用。在明确测量步骤、读数方法和使用注意事项以后,方可进行实验。

五、实验内容与步骤

1. 测量电阻元件电阻大小。
2. 测量空心电感线圈的电感值和品质因数以及线圈电阻。
3. 测量电容器的电容量和介质损耗因数。

测量结果列表记录,为保证测量准确性,每一元件须重复测量 3 次,然后取算术平均值。

六、注意事项

1. 注意正确连线。
2. 实验完毕,电压调零。

七、实验报告要求

1. 用实验数据测定元件的交流参数。
2. 计算结果与实验结果进行比较,说明误差原因。

实验十一　回转器的应用

一、实验目的

1. 掌握回转器的基本特性。
2. 测量回转器的基本参数。
3. 了解回转器的应用。

二、预习要求

1. 复习理论部分相关内容。
2. 熟悉回转器的交流特性。

三、实验仪器与设备

序号	名称	型号与规格	数量	备注
1	低频信号发生器		1	
2	交流毫伏表	0～600 V	1	

续表

序号	名称	型号与规格	数量	备注
3	双踪示波器		1	
4	可变电阻箱	0～99 999.9 Ω	1	
5	电容器	0.1 μF,1 μF	1	
6	电阻器	1 kΩ	1	
7	回转器实验电路板		1	

四、实验原理与说明

1. 回转器是一种有源非互易的新型两端口网络元件,电路符号及其等效电路如图 4-11-1(a)、图 4-11-1(b)所示。

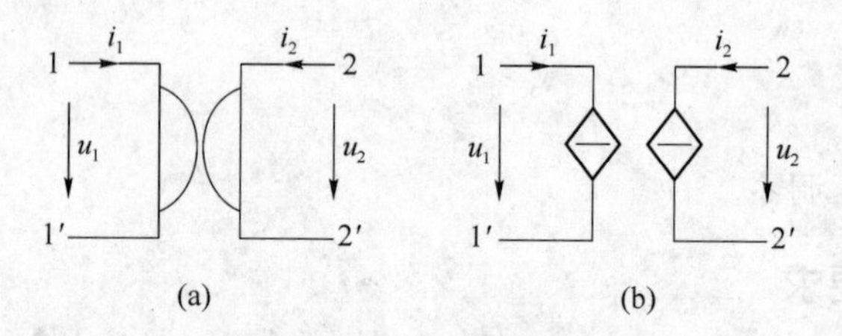

图 4-11-1　回转器电路符号及等效电路

理想回转器的导纳方程如下:$\begin{vmatrix} I_1 \\ I_2 \end{vmatrix} = \begin{vmatrix} 0 & g \\ -g & 0 \end{vmatrix} \begin{vmatrix} U_1 \\ U_2 \end{vmatrix}$,或写成 $I_1=gU_2$,$I_2=-gU_1$。

也可写成电阻方程:$\begin{vmatrix} U_1 \\ U_2 \end{vmatrix} = \begin{vmatrix} 0 & -R \\ R & 0 \end{vmatrix} \begin{vmatrix} I_1 \\ I_2 \end{vmatrix}$,或写成 $U_1=-RI_2$,$U_2=RI_1$。式中 g 和 R 分别称为回转电导和回转电阻,统称为回转常数。

2. 若在 2-2′端接一电容负载 C,则从 1-1′端看进去就相当于一个电感,即回转器能把一个电容元件"回转"成一个电感元件;相反地,也可以把一个电感元件"回转"成一个电容元件,所以也称为阻抗逆变器。

2-2′端接有 C 后,从 1-1′端看进去的导纳 Y_i 为

$$Y_i=\frac{i_1}{u_1}=\frac{gu_2}{-i_2/g}=\frac{-g^2u_2}{i_2}$$

$\because \frac{u_2}{i_2}=-Z_L=\frac{1}{\mathrm{j}\omega C}$　　$\therefore Y_i=g^2/\mathrm{j}\omega C=\frac{1}{\mathrm{j}\omega L}$,式中 $L=\frac{C}{g^2}$ 为等效电感。

3. 由于回转器有阻抗逆变作用,在集成电路中得到重要的应用。因为在集成电路制造中,制造一个电容元件比制造电感元件容易得多,我们可以用一个带有电容负载的回转器来获得数值较大的电感。

图 4-11-2 为用运算放大器组成的回转器电路图。

五、实验内容与步骤

实验线路如图 4-11-3 所示。R_3 跨接于挂箱中 G 线路板左下部的两个插孔间。

1. 在图 4-11-3 的 2-2′端接纯电阻负载(电阻箱),信号源频率固定在 1 kHz,信号源电压≤3 V。

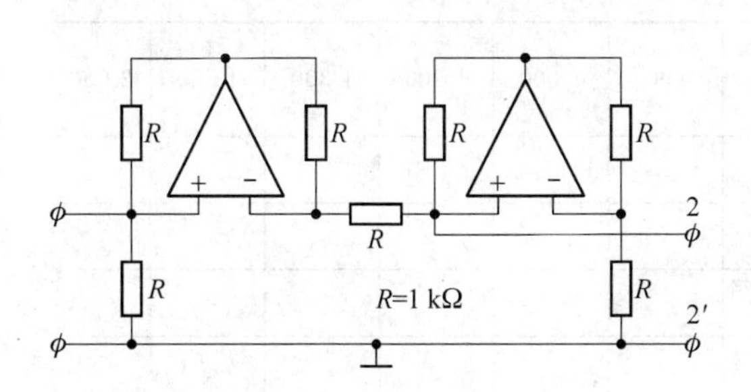

图 4-11-2　运算放大器组成的回转器电路图

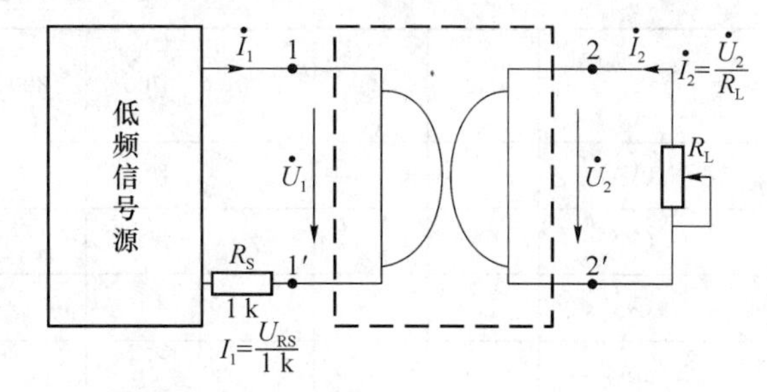

图 4-11-3　实验电路图

用交流毫伏表测量不同负载电阻 R_L 时的 U_1、U_2 和 U_{RS},并计算相应的电流 I_1、I_2 和回转常数 g,一并记入表 4-11-1 中。

表 4-11-1

$R_L(\Omega)$	测量值			计算值				
	U_1(V)	U_2(V)	U_{RS}(V)	I_1(mA)	I_2(V)	$g'=\frac{I_1}{U_2}$	$g''=\frac{I_2}{U_1}$	$g=\frac{g'+g''}{2}$
500								
1k								
1.5k								
2k								
3k								
4k								
5k								

2. 用双踪示波器观察回转器输入电压和输入电流之间的相位关系。按图 4-11-4 接线。信号源的高端接 1 端,低("地")端接 M,示波器的"地"端接 M,Y_A、Y_B 分别接 1、1′端。

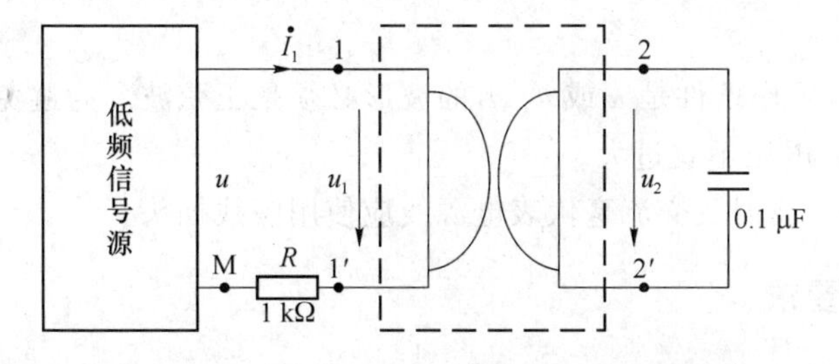

图 4-11-4　回转器输入电压和输入电流之间的相位关系

在 2-2′端接电容负载 $C=0.1\ \mu F$,取信号电压 $U\leqslant 3$ V,频率 $f=1$ kHz。观察 i_1 与 u_1 之间的相位关系,是否具有感抗特征。

3. 测量等效电感。线路同 2(不接示波器)。取低频信号源输出电压 $U\leqslant 3$ V,并保持恒定。用交流毫伏表测量不同频率时的 U_1、U_2、U_R 值,填入表 4-11-2,并算出 $I_1=U_R/1\text{K}$,$g=I_1/U_2$,$L'=U_1/(2\pi f I_1)$,$L=C/g^2$ 及误差 $\Delta L=L'-L$,分析 U、U_1、U_R 之间的相量关系。

表 4-11-2

参数 \ 频率	200	400	500	700	800	900	1 000	1 200	1 300	1 500	2 000
U_2(V)											
U_1(V)											
U_R(V)											
I_1(mA)											
$g\left(\frac{1}{\Omega}\right)$											
L'(H)											
L(H)											
$\Delta L=L'-L$(H)											

4. 用模拟电感组成 R、L、C 并联谐振电路。

用回转器作电感，与电容器 $C=1\ \mu$F 构成并联谐振电路，如图 4-11-5 所示。取 $U\leqslant 3$ V 并保持恒定，在不同频率时用交流毫伏表测量 1-1′端的电压 U_1，并找出谐振频率。

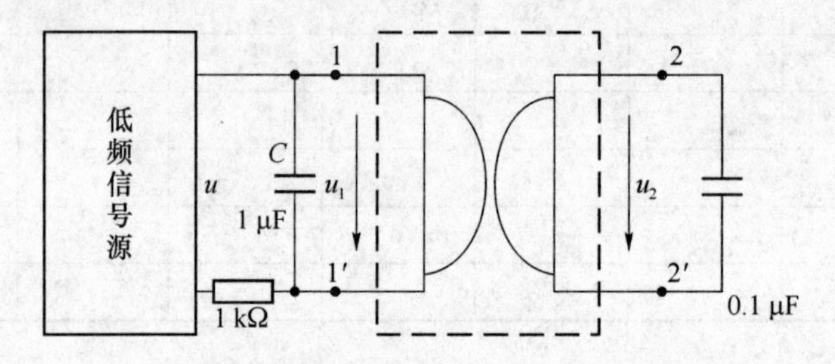

图 4-11-5　模拟电感组成 R、L、C 并联谐振电路

六、注意事项

1. 回转器的正常工作条件是 u 或 u_1、i_1 的波形必须是正弦波。为避免运放进入饱和状态使波形失真，所以输入电压不宜过大。

2. 实验过程中，示波器及交流毫伏表电源线应使用两线插头。

七、实验报告要求

1. 完成各项规定的实验内容(测试、计算、绘曲线等)。

2. 从各实验结果中总结回转器的性质、特点和应用。

八、问题

一个正弦交流电源与一个大电阻串联为什么可以近似作为电流源使用？

实验十二　二端口网络测试

一、实验目的

1. 加深理解二端口网络的基本理论。
2. 掌握直流二端口网络传输参数的测量技术。

二、预习要求

1. 复习理论部分相关内容。
2. 熟悉二端口网络的特性。

三、实验仪器与设备

序号	名称	型号与规格	数量	备注
1	可调直流稳压电源	0～30 V	1	
2	数字直流电压表	0～200 V	1	
3	数字直流毫安表	0～200 mA	1	
4	二端口网络实验电路板		1	

四、实验原理与说明

对于任何一个线性网络，我们所关心的往往只是输入端口和输出端口的电压和电流之间的相互关系，并通过实验测定方法求取一个极其简单的等值二端口电路来替代原网络，此即为“黑盒理论”的基本内容。

1. 一个二端口网络两端口的电压和电流四个变量之间的关系，可以用多种形式的参数方程来表示。本实验采用输出口的电压 U_2 和电流 I_2 作为自变量，以输入口的电压 U_1 和电流 I_1 作为应变量，所得的方程称为二端口网络的传输方程，如图 4-15-1 所示的无源线性二端口网络(又称为四端网络)的传输方程为：

$$U_1=AU_2+BI_2;I_1=CU_2+DI_2$$

式中的 A、B、C、D 为二端口网络的传输参数，其值完全决定于网络的拓扑结构及各支路元件的参数值。这四个参数表征了该二端口网络的基本特性，它们的含义是：

$A=\frac{U_{1O}}{U_{2O}}$(令 $I_2=0$，即输出口开路时)；

$B=\frac{U_{1S}}{I_{2S}}$(令 $U_2=0$，即输出口短路时)；

$C=\frac{I_{1O}}{U_{2O}}$(令 $I_2=0$，即输出口开路时)；

图 4-12-1　无源线性二端口网络

$D=\dfrac{I_{1S}}{I_{2S}}$（令 $U_2=0$，即输出口短路时）。

由上可知，只要在网络的输入口加上电压，在两个端口同时测量其电压和电流，即可求出 A、B、C、D 四个参数，此即为双端口同时测量法。

2. 若要测量一条远距离输电线构成的二端口网络，采用同时测量法就很不方便。这时可采用分别测量法，即先在输入口加电压，而将输出口开路和短路，在输入口测量电压和电流，由传输方程可得：

$R_{1O}=\dfrac{U_{1O}}{I_{1O}}=\dfrac{A}{C}$（令 $I_2=0$，即输出口开路时）；

$R_{1S}=\dfrac{U_{1S}}{I_{1S}}=\dfrac{B}{D}$（令 $U_2=0$，即输出口短路时）。

然后在输出口加电压，而将输入口开路和短路，测量输出口的电压和电流。此时可得：

$R_{2O}=\dfrac{U_{2O}}{I_{2O}}=\dfrac{D}{C}$（令 $I_1=0$，即输入口开路时）；

$R_{2S}=\dfrac{U_{2S}}{I_{2S}}=\dfrac{B}{A}$（令 $U_1=0$，即输入口短路时）。

R_{1O}、R_{1S}、R_{2O}、R_{2S} 分别表示一个端口开路和短路时另一端口的等效输入电阻，这四个参数中只有三个是独立的（因为 $AD-BC=1$）。至此，可求出四个传输参数：

$A=\sqrt{R_{1O}/(R_{2O}-R_{2S})}$；

$B=R_{2S}A$；

$C=A/R_{1O}$；

$D=R_{2O}C$。

3. 二端口网络级联后的等效二端口网络的传输参数亦可采用前述的方法之一求得。从理论推得两个二端口网络级联后的传输参数与每一个参加级联的二端口网络的传输参数之间有如下的关系：

$A=A_1A_2+B_1C_2$；

$B=A_1B_2+B_1D_2$；

$C=C_1A_2+D_1C_2$；

$D=C_1B_2+D_1D_2$。

五、实验内容与步骤

二端口网络实验线路如图 4-12-2 所示。将直流稳压电源的输出电压调到 10 V，作为二端口网络的输入。

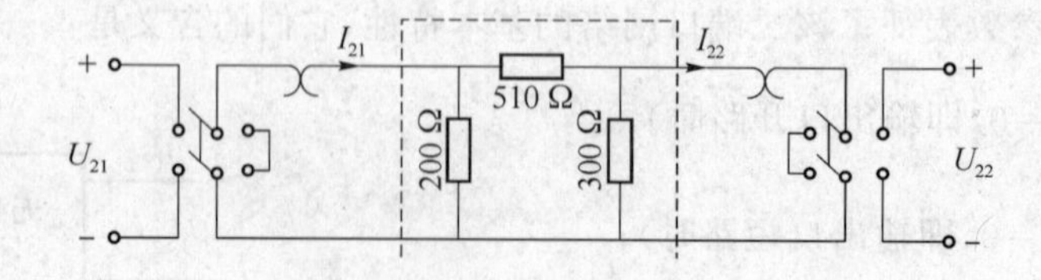

图 4-12-2　二端口网络实验线路图

1. 按同时测量法分别测定两个二端口网络的传输参数 A_1、B_1、C_1、D_1 和 A_2、B_2、C_2、D_2，

将数据填入表 4-12-1，并列出它们的传输方程。

表 4-12-1

		测量值			计算值	
二端口网络Ⅰ	输出端开路 $I_{12}=0$	U_{11O}/V	U_{12O}/V	I_{11O}/mA	A_1	B_1
	输出端短路 $U_{12}=0$	U_{11S}/V	I_{11S}/mA	I_{12S}/mA	C_1	D_1
二端口网络Ⅱ	输出端开路 $I_{22}=0$	测量值			计算值	
		U_{21O}/V	U_{22O}/V	I_{21O}/mA	A_2	B_2
	输出端短路 $U_{22}=0$	U_{21S}/V	I_{21S}/mA	I_{22S}/mA	C_2	D_2

2. 将两个二端口网络级联，即将网络Ⅰ的输出接至网络Ⅱ的输入。用两端口分别测量法测量级联后等效二端口网络的传输参数 A、B、C、D，将数据填入表 4-12-2，并验证等效二端口网络传输参数与级联的两个二端口网络传输参数之间的关系。

表 4-12-2

输出端开路 $I_2=0$			输出端短路 $U_2=0$			计算传输参数
U_{1O}/V	I_{1O}/mA	R_{1O}/kΩ	U_{1S}/V	I_{1S}/mA	R_{1S}/kΩ	
输入端开路 $I_1=0$			输入端短路 $U_1=0$			$A=$ $B=$ $C=$ $D=$
U_{2O}/V	I_{2O}/mA	R_{2O}/kΩ	U_{2S}/V	I_{2S}/mA	R_{2S}/kΩ	

六、注意事项

1. 用电流插头插座测量电流时，要注意判别电流表的极性及选取适合的量程(根据所给的电路参数，估算电流表量程)。

2. 计算传输参数时，I、U 均取正值。

七、实验报告要求

1. 完成对数据表格的测量和计算任务。

2. 列写参数方程。

3. 验证级联后等效双口网络的传输参数与级联的两个双口网络传输参数之间的关系。

4. 总结、归纳双口网络的测试技术。

5. 心得体会及其他。

八、问题

1. 试述双口网络同时测量法与分别测量法的测量步骤，优缺点及其适用情况。
2. 本实验方法可否用于交流双口网络的测定？

实验十三　日光灯电路及功率因数的提高

一、实验目的

1. 掌握正弦交流电路中电压、电流相量之间的关系。
2. 掌握功率的概念及感性负载电路提高功率因数的方法。
3. 了解日光灯电路的工作原理，学会日光灯电路的连接。
4. 学会使用功率表。

二、预习要求

1. 复习理论部分的相关内容。
2. 了解日光灯电路的工作原理。

三、实验仪器与设备

序号	名称	型号与规格	数量	备注
1	交流电压表	0～450 V	1	
2	交流电流表	0～5 A	1	
3	功率表		1	
4	自耦调压器		1	
5	镇流器、启辉器	与 40 W 灯管配用	各 1	
6	日光灯灯管	40 W	1	
7	电容器	1 μF，2.2 μF，4.7 μF/500 V	各 1	
8	白炽灯及灯座	220 V，15 W	1～3	
9	电流插座		3	

四、实验原理与说明

1. *RC* 串联电路

在单相正弦交流电路中，用交流电流表测得各支路的电流值，用交流电压表测得回路各元件两端的电压值，它们之间的关系应满足相量形式的基尔霍夫定律，即

$$\sum \dot{I} = 0 \qquad 和 \qquad \sum \dot{U} = 0$$

实验电路为 RC 串联电路，如图 4-13-1(a)所示，在正弦稳态信号 $\dot{U}$ 的激励下，则有：

$$\dot{U}=\dot{U}_R+\dot{U}_C=\dot{I}\cdot(R-\mathrm{j}X_C)$$

$\dot{U}$、$\dot{U}_R$ 与 $\dot{U}_C$ 相量图为一个直角电压三角形。当阻值 R 改变时，$\dot{U}_R$ 与 $\dot{U}_C$ 始终保持着 90°的相位差，所以 $\dot{U}_R$ 的相量轨迹是一个半圆，如图 4-13-1(b)所示。从图中我们可知，改变 C 或 R 值可改变 ϕ 角的大小，从而达到移相的目的。

2. 日光灯电路及其功率因数的提高

日光灯实验电路如图 4-13-2 所示，日光灯电路由灯管、镇流器和启动器三部分组成。

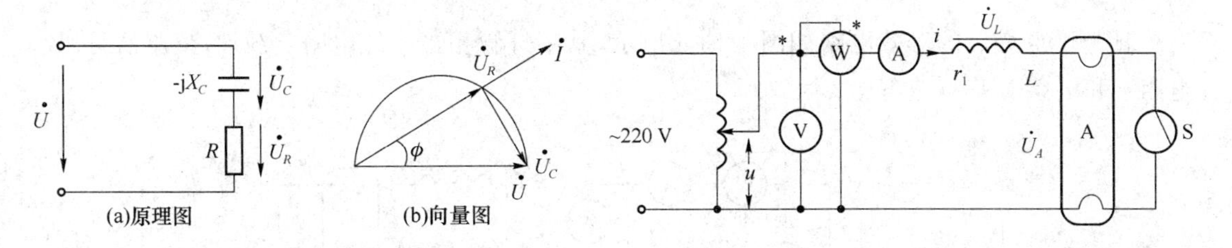

图 4-13-1　RC 串联电路及相量图　　　图 4-13-2　日光灯实验电路图

灯管是一根普通的真空玻璃管，管内壁涂上荧光粉，管两端各有一根灯丝，用以发射电子。管内抽真空后充氩气和少量水银。在一定电压下，管内产生弧光放电，发射一种波长很短的不可见光，这种光被荧光粉吸收后转换成近似日光的可见光。

镇流器是一个带铁芯的电感线圈，启动时产生瞬时高电压，促使灯管放电，点燃日光灯。在点燃后又限制了灯管的电流。

启动器(如图 4-13-3(a)所示)是一个充有氖气的玻璃泡，其中装有一个不动的静触片和一个用双金属片制成的 U 形可动触片，其作用是使电路自动接通和断开。在两电极间并联一个电容器，用以消除两触片断开时产生的火花对附近无线电设备的干扰。

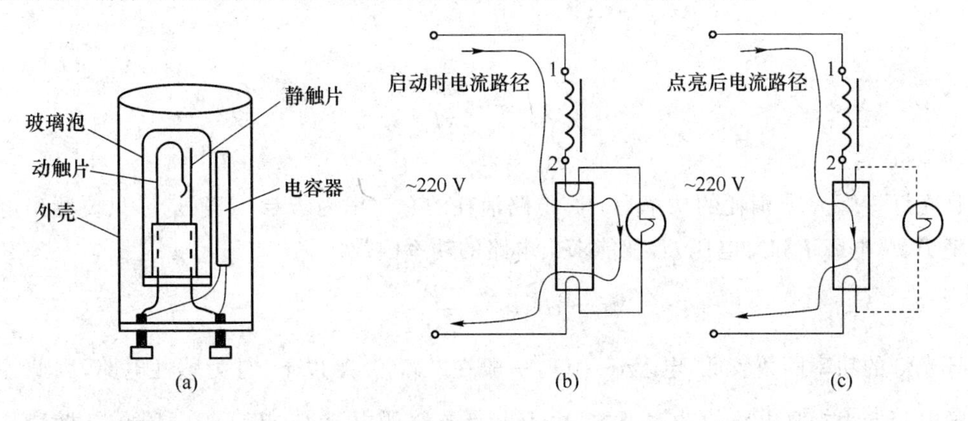

图 4-13-3　启动器示意图和日光灯点燃过程

日光灯的点燃过程如下：当日光灯刚接通电源时，灯管尚未通电，启动器两极也处于断开位置。这时电路中没有电流，电源电压全部加在启动器的两电极上，使氖管产生辉光放电而发热，可动电极受热变形，于是两触片闭合，灯管灯丝通过启动器和镇流器构成回路，如图 4-13-3(b)所示。灯丝通电加热发射电子，当氖管内两个触片接通后，触片间不存在电压，辉光放电停止，双金属片冷却复原，两触片脱开，回路中的电流瞬间被切断。这时镇流器产生相当高的自感电动势，它和电源电压串联后加在灯管两端，促使管内氩气首先电离，氩气放电产生的热量又使管内水银蒸发，变成水银蒸气。当水银蒸气电离导电时，激励管壁上的荧光粉而发出近似日光的可见光。

灯管点燃后，镇流器和灯管串联接入电源，如图 4-13-3(c)所示。由于电源电压部分降落在镇流器上，使灯管两端电压(也就是启动器两触片间的电压)较低，不足以引起启动器氖管再次产生辉光放电，两触片仍保持断开状态。因此，日光灯正常工作后，启动器在日光灯电路中不再起作用。

日光灯点燃后的等效电路如图 4-13-4 所示，其中灯管相当于纯电阻负载 R，镇流器可用小电阻 r 和电感 L 串联来等效。

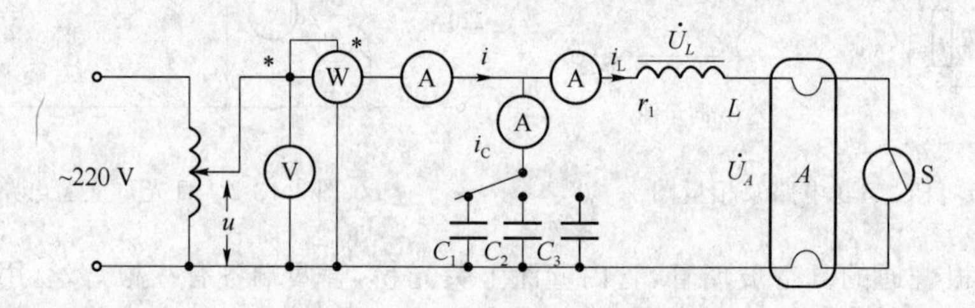

图 4-13-4　日光灯功率因数实验电路

若用低功率因数表测得镇流器所消耗的功率 P_{Lr}，也就是等效电阻 r 所消耗的功率，又用电流表测得通过镇流器的电流 I_{Lr}，则可求得镇流器的等效电阻 r。由于 $P_{Lr}=I_{Lr}^2\cdot r$，则 $r=\dfrac{P_{Lr}}{I_{Lr}^2}$。用万用表的交流电压挡测得镇流器的端电压 U_{Lr}，则镇流器的等效电感为：

$$U_{Lr}^2=I_{Lr}^2\cdot(X_L^2+r^2)$$

$$X_{Lr}=\sqrt{\left(\frac{U_{Lr}}{I_{Lr}}\right)^2-r^2}$$

$$L=\frac{X_L}{2\pi f}$$

其中：$f=50$ Hz

日光灯灯管 R 所消耗的功率为 P_R，电路消耗的总功率为 $P=P_R+P_{Lr}$。只要测出电路的总功率 P、总电流 I 和总电压 U，就能求出电路的功率因数。

$$\cos\varphi=\frac{P}{U\cdot I}$$

日光灯的功率因数较低，电容 $C=0$ 时一般在 0.6(0.7)以下，且为感性电路，因此往往采用并联电容器来提高电路的功率因数，由于电容支路的电流 $\dot{I}_C$ 超前于电压 90°，抵消了一部分日光灯支路电流中的无功分量，使电路总电流减少，从而提高了电路的功率因数。当电容增加到一定值时，电容电流等于感性无功电流，总电流下降到最小值，此时，整个电路呈现纯电阻性 $\cos\varphi=1$。若再继续增加电容量，总电流 I 反而增大了，整个电路呈现电容性，功率因数反而降低。

五、实验内容与步骤

1. *RC* 串联电路电压三角形的测量

(1) 用两只 3 227 Ω 的虚拟电阻模拟两个 220 V、15 W 的白炽灯，以及一个 4.7 μF/450 V 电容器组成如图 4-13-1(a)所示的实验电路。测量 U、U_R、U_C 值，记入表 4-13-1 中。

(2) 改变 R 阻值(用一只灯泡)重复(1)内容，验证 U_R 相量轨迹。

表 4-13-1

白炽灯盏数	测量值			计算值	
	U/V	U_R/V	U_C/V	U/V	φ
2					
1					

2. 日光灯安装与测量

如图 13.2 所示的实验电路，调节自耦调压器的输出，使其输出电压缓慢增加，直到日光灯刚启辉点亮为止，记下三表的指示值。然后将电压调至 220 V，测量功率 P，电流 I，电压 U、U_L、U_A 等值，验证电压、电流相量关系。数据填入表 4-13-2。

表 4-13-2

	测量数值					计算值	
	P/W	I/A	U/V	U_L/V	U_A/V	$\cos\varphi$	r/Ω
启辉值							
正常工作值							

3. 功率因数的改善

我们通过并联电容器来提高功率因数。按图 4-13-4 组成实验线路。调节自耦调压器的输出至 220 V，记录功率表、电压表、电流表的读数。改变电容值，进行三次重复测量。数据记入表 4-13-3。

表 4-13-3

电容值	测量数值				计算值	
(μF)	P/W	U/V	I/A	I_C/A	I'/A	$\cos\varphi$

六、注意事项

1. 本实验用交流市电 220 V，务必注意用电和人身安全。

2. 功率表要正确接入电路。

3. 线路接线正确,日光灯不能启辉时,应检查启辉器及其接触是否良好。

七、实验报告要求

1. 完成数据表格中的计算,进行必要的误差分析。
2. 根据实验数据,分别绘出电压、电流相量图,验证相量形式的基尔霍夫定律。
3. 讨论改善电路功率因数的意义和方法。
4. 装接日光灯线路的心得体会及其他。

八、问题

1. 在日常生活中,当日光灯上缺少了启辉器时,人们常用一根导线将启辉器的两端短接一下,然后迅速断开,使日光灯点亮。或用一只启辉器去点亮多只同类型的日光灯,这是为什么?

2. 为了改善电路的功率因数,常在感性负载上并联电容器,此时增加了一条电流支路,试问电路的总电流是增大还是减小,此时感性元件上的电流和功率是否改变?

3. 提高线路功率因数为什么只采用并联电容器法,而不用串联法?所并的电容器是否越大越好?

实验十四　交流电路参数的测定

一、实验目的

1. 学习使用交流电压表、交流电流表和功率表测量电路等效参数的方法。
2. 学习使用调压器和功率表。
3. 学习“三表法”测参数的原理与方法。

二、预习要求

1. 复习理论部分的相关内容。
2. 学习交流仪表的使用方法。

三、实验仪器与设备

序号	名称	型号与规格	数量	备注
1	交流电压表	0～450 V	1	
2	交流电流表	0～5 A	1	
3	功率表		1	
4	自耦调压器		1	
5	电阻	100 Ω	1	
6	电感	0.1 H	1	
7	电容器	8 μF/500 V	1	
8	电流插座		3	

四、实验原理与说明

交流电路中，元件的参数可以用“三表法”测出 U、I 和 P 值后通过计算获得，其关系式如下（令 $Z=R+jX$）：

1. 阻抗的模 $|Z|=\frac{U}{I}$；

2. 功率因数 $\eta=\cos\varphi=\frac{P}{UI}$；

3. 等效电阻 $R=|Z|\cos\varphi$；

4. 等效电抗 $X=|Z|\sin\varphi$；

5. 等效电感 $L=\frac{X}{\omega}$；

6. 等效电容 $C=\frac{1}{\omega X}$。

五、实验内容与步骤

1. 按图 4-14-1 接好线路，分别取 $R=100\ \Omega$，$L=0.1\ \mathrm{H}$，$C=8\ \mu\mathrm{F}$ 接入电路，测其 U、I、P 记入表 4-14-1 中，注意：电阻的额定电流是 0.1 A，电感的额定电流是 0.25 A。

2. 将实验内容 1 中的 L、C、R 接成串并联混合的无源一端口网络，如图 4-14-2 所示，用 3 种方法判断该一断开的性质，实验表格自拟。

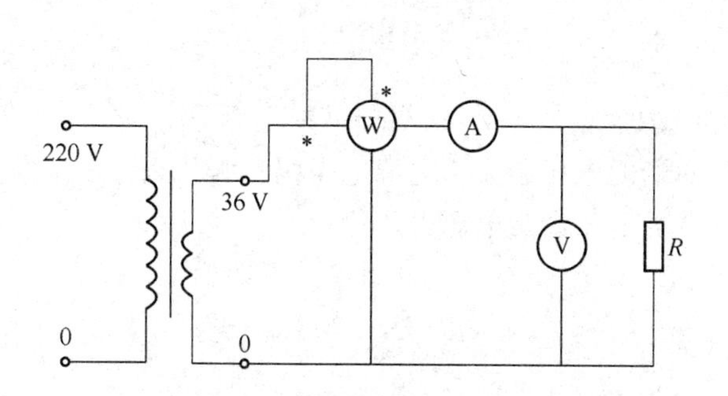

图 4-14-1　交流电路测参数实验线路图

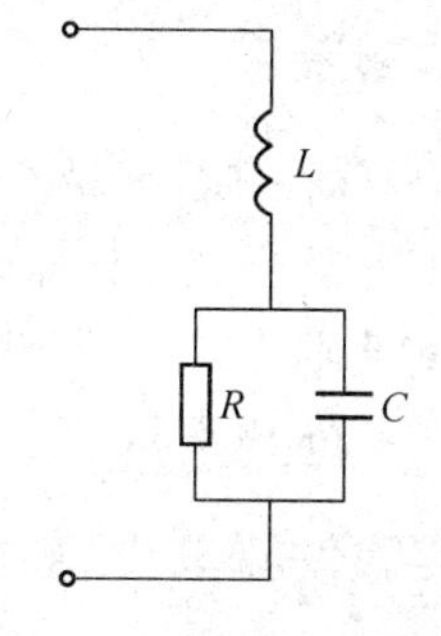

图 4-14-2　无源一端口网络连接方式

表 4-14-1

测量值	U/V	I/mA	P/W
R		100	
L		200	
C		50	

六、注意事项

1. 功率表的同名端按标准接法连接在一起，否则功率表中指针表反偏，数字表无显示。

2. 使用功率表测量时，必须正确选定电压量限和电流量限，按下相应的键式开关，否则功率表将有不适当的显示。

3. 电感线圈的额定电流为 0.25 A，若超过 0.25 A 将被烧坏。

七、实验报告要求

1. 用实验数据计算交流电路参数。

2. 计算结果与实验结果进行比较，说明误差原因。

八、问题

1. 功率表的电压和电流量程如何选取？

2. 判断无源一端口网络的性质通常有哪些方法，并说明其各自的原理。

实验十五 *RLC* 串联谐振电路的研究

一、实验目的

1. 学习测量 *RLC* 串联谐振电路的频率特性曲线。

2. 研究谐振现象和电路参数对谐振特性的影响。

二、预习要求

1. 如何判断 *RLC* 串联电路是否达到谐振状态？

2. *RLC* 串联电路在谐振时，电容器两端的电压会大于电源电压吗？为什么？

3. *RLC* 串联电路在谐振时，电阻两端的电压会与电源电压相等吗？为什么？

4. 改变电路中 R，其 f_0 及 Q 是否改变？若改变 C，其 f_0 及 Q 是否改变？

三、实验仪器与设备

序号	名称	型号与规格	数量	备注
1	电阻	50 Ω、200 Ω	1	
2	电感	100 mH	1	
3	电容器	1 μF	1	

四、实验原理与说明

1. 幅频特性和相频特性

RLC 串联电路如图 4-15-1 所示。

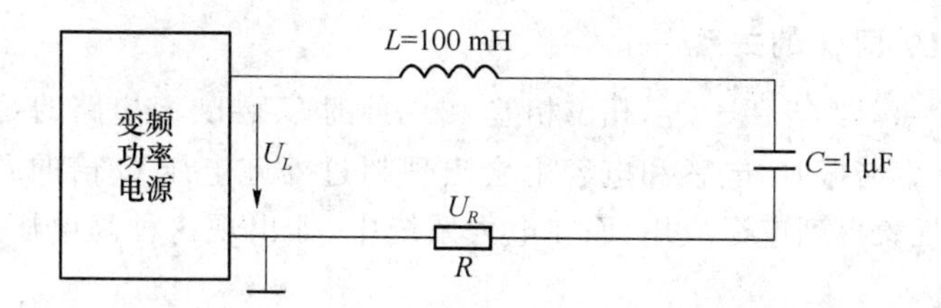

图 4-15-1　*RLC* 串联电路

转移电压比

$$A_U=\frac{U_R}{U_i}=\frac{R}{R+\mathrm{j}\omega L+\frac{1}{\mathrm{j}\omega C}}=\frac{\mathrm{j}\omega CR}{(\mathrm{j}\omega)^2LC+1+\mathrm{j}\omega CR}$$

$$=\frac{\mathrm{j}\omega CR}{1-\omega^2LC+\mathrm{j}\omega CR}$$

$$=\frac{\omega CR}{\sqrt{(1-\omega^2LC)^2+(\omega CR)^2}}\ 90^\circ-\mathrm{arctg}\,\frac{\omega CR}{1-\omega^2LC}$$

幅频特性　$|A_U|=\dfrac{\omega CR}{\sqrt{(1-\omega^2LC)^2+(\omega CR)^2}}$

相频特性　$\theta_{(\omega)}=90^\circ-\mathrm{arctg}\,\dfrac{\omega CR}{1-\omega^2LC}$

2. 幅频特性

幅频特性曲线如图 4-15-2 所示。

3. 谐振现象

RLC 电路的总阻抗 $Z=R+\mathrm{j}\left(\omega L-\dfrac{1}{\omega C}\right)$，当 $\omega L-\dfrac{1}{\omega C}=0$ 时，阻抗的模 $|Z|=R$ 最小，电路呈现纯电阻性，电路中的电流最大且与输入电压相位相同，电路的这种工作状态叫作谐振。

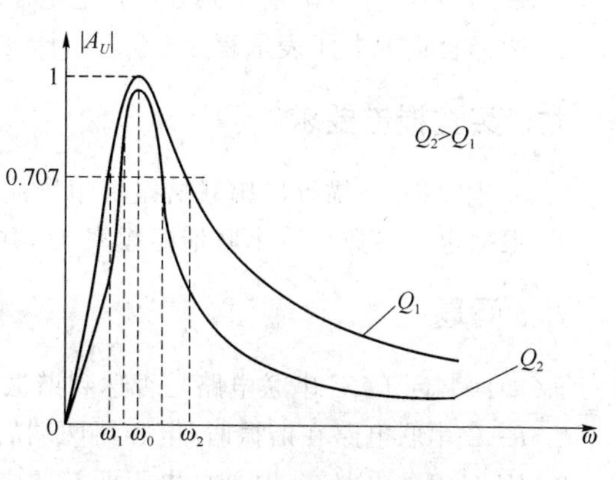

图 4-15-2　幅频特性曲线

谐振角频率　$\omega_0=\dfrac{1}{\sqrt{LC}}$

谐振频率　$f_0=\dfrac{\omega_0}{2\pi}=\dfrac{1}{2\pi\sqrt{LC}}$

4. 通频带 *BW* 和品质因数 *Q*

当 $|A_U|$ 下降为其最大值的 70.7% 时的两个频率分别称为上半功率点频率 ω_2 和下半频率点频率 ω_1。通频带 $BW=\omega_2-\omega_1=RL$，可见 R 越小通频带越窄。

幅频特性曲线的陡峭程度用品质因数 Q 来衡量，Q 的定义为 $Q=\dfrac{\omega_0}{BW}=\dfrac{\omega_0 L}{R}$。

Q 的大小由电路参数决定，当 L、C 一定时，显然 R 越小，Q 越大，通频带也就越窄，幅频特性曲线越陡，选择性越好，如图 4-15-2 所示。

5. 谐振时 U_L、U_C 同 Q 的关系

谐振时 $U_L+U_C=0$，即 $U_L=-U_C$，相位相差 180°，此时 $U_L=U_C$。电路的 Q 值一般在50～200之间。因此，电路发生谐振时，电感和电容上会出现超过外施电压 Q 倍的高电压。在无线电和电工技术中谐振现象得到广泛应用，而在电力系统中，如出现这种高电压是不允许的，应避免这一现象的发生。

五、实验内容与步骤

1. 按图 4-15-1 接线，选 $C=1\ \mu F$，$R=50\ \Omega$，$L=100$ mH(用互感的一次侧)，保持 $U_i=7$ V，测量相应数据，填入表 4-15-1，并作出幅频特性曲线($\omega=\frac{f}{f_0}$，首先计算 f_0)。

表 4-15-1

F/Hz	100	200	300	400	450	470	f_0	550	600	700	800	900	1 000
ω													
U_R/V													
U_R/U_{RO}													

2. 改变电阻 $R=200\ \Omega$，重复上面的步骤，测量数据，填表，描绘幅频特性曲线。

六、注意事项

1. 仔细检查电路，确定无误方可合上电压开关。
2. 选择合适的电压表量程。

七、实验报告要求

1. 完成表格，并描绘出串联谐振幅频特性曲线。
2. 根据电路参数计算串联谐振频率 f_0，并与测量出的 f_0 比较，误差如何？

八、问题

1. 如何判断 RLC 串联电路是否达到谐振状态？
2. RLC 串联电路在谐振时，电容器两端的电压会大于电源电压吗？为什么？
3. RLC 串联电路在谐振时，电阻两端的电压会与电源电压相等吗？为什么？
4. 改变电路中 R，其 f_0 及 Q 是否会改变？若改变 C，其 f_0 及 Q 是否改变？

实验十六　互感电路的研究

一、实验目的

1. 学习用实验的方法测定耦合电感线圈的同名端。

2. 学习用实验的方法确定两个耦合电感线圈的互感。
3. 研究两线圈串、反串时对电路的影响。

二、预习要求

1. 画出用串联法求互感的电路图。
2. 计算互感的思路是什么?

三、实验仪器与设备

电工电子系统实验装置。

四、实验原理与说明

1. 同名端的确定

确定具有互感线圈的同名端有两种方法,直流法和交流法。

(1) 直流法

取直流电源(2 V)经开关突然与互感线圈 1 接通,而在线圈 2 的电路中接一个直流微安表,在开关 S 闭合的瞬间,线圈 1 回路中的电流 I_1 通过互感耦合将在线圈 2 中产生一个互感电动势,并在线圈 2 回路中产生一个电流 I_2 使所接微安表发生偏转,根据楞次定律及图 4-16-1 所假定的正方向,当微安表正向偏转时,线圈 1 与电源正极相接的端点 1 和线圈 2 与直流微安表正极相接的端点 2 便为同名端,否则为异名端(注意上述判断定同名端的方法仅在开关 S 闭合瞬间才成立)。

(2) 交流法

互感电路同名端也可以利用交流电源来判定,将线圈 1 的一个端点 1′与线圈 2 的一个端点 2′用导线连接,如图 4-16-2 所示。在线圈 1 两端加以交流电压,用电压表分别测出 1、1′两端和 1、2 两端的电压,设分别为 $U_{11'}$ 和 U_{12},如 $U_{12}>U_{11'}$,则导线连接的两个端点应为异名端,否则为同名端。

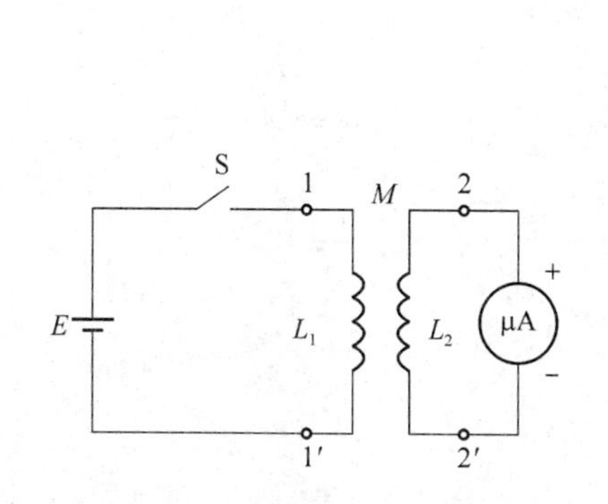

图 4-16-1　直流法判断同名端

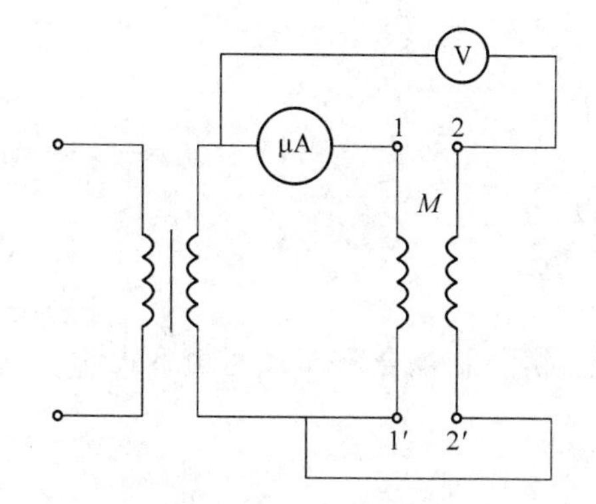

图 4-16-2　交流法判断同名端

2. 互感的测量

为了测量两个线圈之间的互感的大小,可将两个耦合线圈中的一个线圈开路,在另一个线圈上加一定电压，并用电流表测出这一线圈中的电流 I_1，同时测出被开路线圈的端电压 U_2，如果所用电压表的内阻很大，可以近似电流为零，这时电压表的读数就近似地等于该开路线圈的互感电压，则

$$U_2 \approx \omega M I_1$$

式中 ω 为电源的角频率。

由上式可计算出互感为

$$M \approx \frac{U_2}{\omega I_1}$$

测量互感还可以用另外一种方法，即先用“三表法”分别测出两个含有互感线圈顺串和反串时的电压、电流和功率，则可计算出顺串时的阻抗值为

$$|Z_F| = \frac{U_F}{I_F} = \sqrt{R_F^2 + (\omega L_F)^2}$$

式中，U_F、I_F 为顺串时的电压和电流；R_F、L_F 为顺串时的等效电阻和电感。

反串时的阻抗值为

$$|Z_R| = \frac{U_R}{I_R} = \sqrt{R_R^2 + (\omega L_R)^2}$$

式中，U_R、I_R 为反串时的电压和电流；R_R、L_R 为反串时的等效电阻和电感。

再根据顺串和反串时的功率就可计算出等效电感 L_F、L_R。例如，根据顺串时的功率、电压、电流可计算出顺串时的功率因数为

$$\cos\varphi_F = \frac{P_F}{U_F I_F}$$

则顺串时的感抗为

$$X_F = \omega L_F = |Z_F| \sin\varphi_F$$

最后可计算出顺串时的等效电感为

$$L_F = \frac{X_F}{\omega} = \frac{U_F \sin\varphi_F}{\omega I_F}$$

同理可得反串时的等效电感为

$$L_R = \frac{X_R}{\omega} = \frac{U_R \sin\varphi_R}{\omega I_R}$$

由于

$$L_F - L_R = (L_1 + L_2 + 2M) - (L_1 + L_2 - 2M) = 4M$$

所以

$$M = \frac{L_F - L_R}{4}$$

互感测得后，耦合系数 K 可由下式计算：

$$K = \frac{M}{\sqrt{L_1 L_2}}$$

五、实验内容与步骤

1. 用直流法确定两个互感线圈的同名端

按图 4-16-1 连线，E=2 V，分别闭合和断开开关 S，认真观察微安表指针的偏转情况，根

据指针偏转方向判别这两个线圈的同名端。

2. 用交流法确定两个互感线圈的同名端

按图 4-16-2 连线，调节电压器使输出电压从 0 开始逐渐升高，使电流表的读数为 0.1 A（注意：电流超过 0.25 A 可能烧坏元器件），用电压表分别测出 1 和 1′两端和 1、2 两端的电压，设分别为 $U_{11'}$ 和 U_{12}，如 $U_{11'}<U_{12}$，则导线连接的两个端点应为异名端，否则为同名端。

3. 用二次开路法测量互感

如图 4-16-3 所示，在线圈 L_1 两端用调压器加交流电压，而线圈 L_2 两端接一个交流电压表。调节调压器使电流 $I_1=0.2$ A，则根据电流 I_1 和电压 U_2 的读数即可求出互感 M，即

$$M=\frac{U_2}{\omega I_1}$$

注意：220 V 交流电源一定要先通过变压器降压之后，才可以接入电路，否则电感线圈的保护电阻很小，可能直接烧坏电感线圈。因此，必须观察电流表，逐渐增加电压，保证电流不超过 0.2 A（$I\leqslant 0.2$ A）。

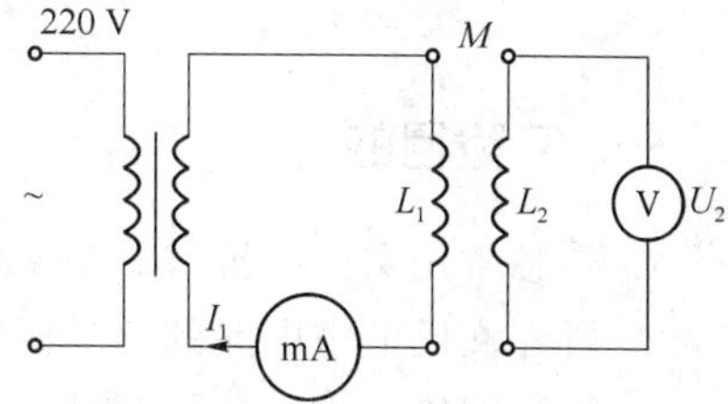

图 4-16-3　二次开路法测互感实验线路

4. 用“三表法”求互感

将线圈分别顺串（如图 4-16-4 所示）和反串（如图 4-16-5 所示），调节调压器使电流 $I=0.2$ A，用“三表法”测出电压、电流和功率，通过计算求出顺串等效电感 L_F 和反串等效电感 L_R，根据公式求出互感：

$$M=\frac{L_F-L_R}{4}$$

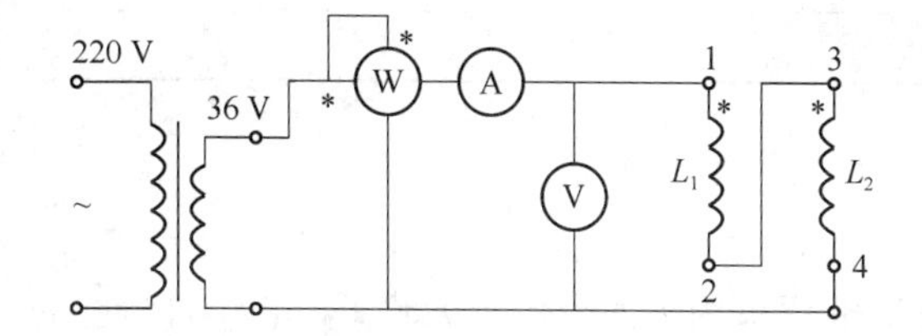

图 4-16-4　“三表法”测线圈顺串测互感实验线路

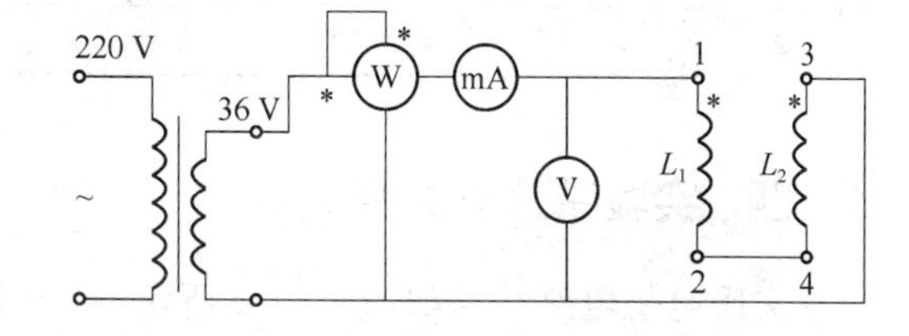

图 4-16-5　“三表法”测线圈反串测互感实验线路

六、注意事项

1. 做互感实验时，一定要观察电流表，确保电流不超过 0.25 A。

2. 用直流法判定互感线圈的同名端时，电源开关合闸瞬间接通线圈，看出微安表偏转方向后即打开开关。不要长时间闭合开关，使电流表指针的机械装置损坏。

3. 实验做完后，关闭一切实验台的电源，尤其是交流电源，确保人身和设备的安全。

七、实验报告要求

1. 用实验数据计算互感参数。

2. 计算结果与实验结果进行比较，说明误差原因。

八、问题

1. 用串联法求互感的实验主要应测量哪些数据？
2. 计算互感的思路是什么？

实验十七 *RC* 选频网络特性测试

一、实验目的

1. 熟悉常用文氏电桥 *RC* 选频网络的结构特点和应用。
2. 研究文氏电桥电路的传输函数、幅频特性与相频特性。
3. 学习网络频率特性的测试方法。

二、预习要求

1. 复习理论部分相关内容。
2. 熟悉常用文氏电桥 *RC* 选频网络的结构特点。

三、实验仪器与设备

序号	名称	型号与规格	数量	备注
1	电阻	1 000 Ω	2	
2	电容器	0.22 μF	2	

四、实验原理与说明

文氏电桥电路结构如图 4-17-1 所示，由于文氏电桥采用了两个电抗元件 C_1 和 C_2，因此当输入电压 $\dot{U}_1$ 的频率改变时，输出 $\dot{U}_2$ 的幅度和相对于 $\dot{U}_1$ 的相位也随之而变，$\dot{U}_2$ 与 $\dot{U}_1$ 比值的模与相位随频率变化的规律，称为文氏电桥电路幅频特性与相频特性。本实验只研究幅频特性的实验测试方法，首先求出文氏电桥电路的传输函数 $\left|\frac{\dot{U}_2}{\dot{U}_1}\right| = f(\omega)$，$\omega$ 为输入信号角频率。

设 $R_1 = R_2 = R$，$C_1 = C_2 = C$，则

$$Z_1 = R + \frac{1}{\mathrm{j}\omega C} \qquad Z_2 = \frac{R}{1 + \mathrm{j}\omega CR}$$

根据分压比写成 $\dot{U}_2$ 与 $\dot{U}_1$ 之比

$$\left|\frac{\dot{U}_2}{\dot{U}_1}\right| = \frac{Z_2}{Z_1 + Z_2} = \frac{\dfrac{R}{1 + \mathrm{j}\omega CR}}{R + \dfrac{1}{\mathrm{j}\omega C} + \dfrac{R}{1 + \mathrm{j}\omega CR}}$$

令 $\omega_0=\dfrac{1}{RC}$代入，得

$$\left|\frac{\dot{U}_2}{\dot{U}_1}\right|=\frac{1}{3+\mathrm{j}\left(\dfrac{\omega}{\omega_0}-\dfrac{\omega_0}{\omega}\right)}$$

当 $\omega=\omega_0$ 时（即 $f_0=\dfrac{1}{2\pi RC}$），$\dfrac{\dot{U}_2}{\dot{U}_1}$的模值达到最大值，即 $\left|\dfrac{\dot{U}_2}{\dot{U}_1}\right|=\dfrac{1}{3}$，传输曲线如图 4-17-2 所示。

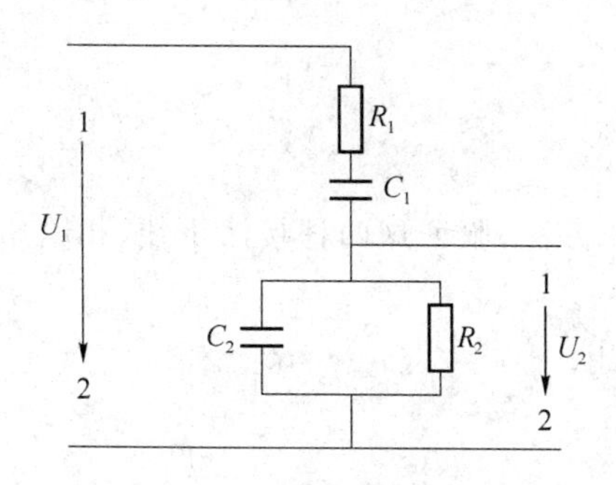

图 4-17-1　文氏电桥电路

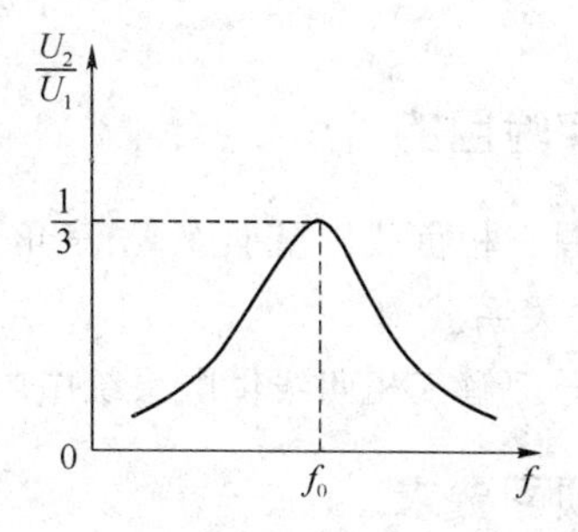

图 4-17-2　文氏电桥传输曲线

因此，文氏电桥网络有选频功能，广泛用于各种电子电路中。

五、实验内容与步骤

1. 按图 4-17-1 接线，选 $C_1=C_2=C=0.22\ \mu\text{F}$，$R_1=R_2=R=1\ 000\ \Omega$。

2. 计算 $f_0=\dfrac{1}{2\pi RC}$。

3. 输入端电源由信号源提供，取 $20V_{\text{P-P}}$频率可调的正弦交流电压，在不同频率测出 U_2 值，记入表 4-17-1 中。

表 4-17-1

F/Hz	100	200	300	400	500	600	700	750	800	1k	3k	5k	8k	10k
U_2/V														
$\lg f$														

六、注意事项

实验过程中，注意接线的顺序，看清电容和电阻是并联关系还是串联关系。

七、实验报告要求

1. 用实验数据计算文氏电桥电路的传输函数。
2. 计算结果与实验结果进行比较，说明误差原因。

八、问题

1. 测量幅频特性是应保持哪个电压(U_1、U_2)?

2. 调节频率 f,测出哪个电压(U_1、U_2)?

实验十八　一阶电路过渡过程的研究

一、实验目的

1. 掌握三相负载作星形连接、三角形连接的方法,验证这两种接法下线、相电压及线、相电流之间的关系。

2. 充分理解三相四线供电系统中中线的作用。

二、预习要求

1. 复习理论部分相关内容。

2. 了解三相负载作星形和三角形连接时,负载的相值与线值的关系。

三、实验仪器与设备

序号	名称	型号与规格	数量	备注
1	交流电压表	0~500 V	1	
2	交流电流表	0~5 A	1	
3	万用表		1	
4	三相自耦调压器		1	
5	三相灯组负载	220 V,15 W 白炽灯	9	
6	电门插座		3	

四、实验原理与说明

1. 三相负载可接成星形(又称"Y"接)或三角形(又称"△"接)。当三相对称负载作 Y 形连接时,线电压 U_L 是相电压 U_P 的$\sqrt{3}$倍。线电流 I_L 等于相电流 I_P,即

$$U_L = \sqrt{3}U_P, I_L = I_P$$

在这种情况下,流过中线的电流 $I_O=0$,所以可以省去中线。

当对称三相负载作△形连接时,有 $I_L=\sqrt{3}I_P$,$U_L=U_P$。

2. 不对称三相负载作 Y 连接时,必须采用三相四线制接法,即 Y_O接法。而且中线必须牢固连接,以保证三相不对称负载的每相电压维持对称不变。

倘若中线断开,会导致三相负载电压的不对称,致使负载轻的那一相的相电压过高,使负

载遭受损坏；负载重的一相相电压又过低，使负载不能正常工作。尤其是对于三相照明负载，无条件地一律采用 Y_O 接法。

3. 当不对称负载作△接时，$I_L \neq \sqrt{3} I_P$，但只要电源的线电压 U_L 对称，加在三相负载上的电压仍是对称的，对各相负载工作没有影响。

五、实验内容与步骤

1. 三相负载星形连接(三相四线制供电)

按图 4-18-1 线路组接实验电路。即三相灯组负载经三相自耦调压器接通三相对称电源。将三相调压器的旋柄置于输出为 0 V 的位置(即逆时针旋到底)。经指导教师检查合格后，方可开启实验台电源，然后调节调压器的输出，使输出的三相线电压为 220 V，并按下述内容完成各项实验，分别测量三相负载的线电压、相电压、线电流、相电流、中线电流、电源与负载中点间的电压。将所测得的数据记入表 4-18-1 中，并观察各相灯组亮暗的变化程度，特别要注意观察中线的作用。

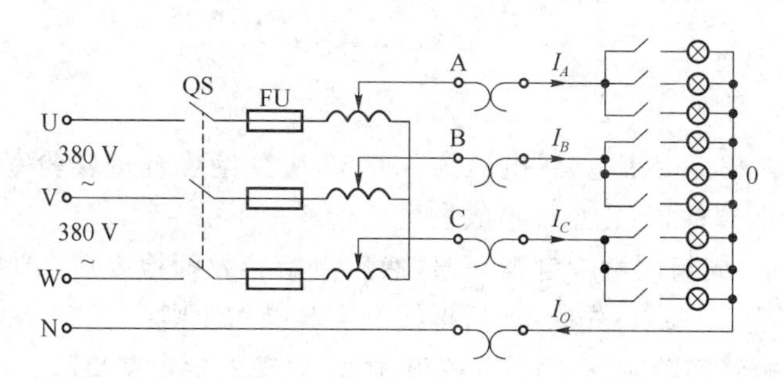

图 4-18-1　负载星形连接实验线路图

表 4-18-1

测量数据	开灯盏数			线电流/A			线电压/V			相电压/V			中线电流	中点电压
	A 相	B 相	C 相	I_A	I_B	I_C	U_{AB}	U_{BC}	U_{CA}	U_{A0}	U_{B0}	U_{C0}	I_0/A	U_{N0}/V
Y_O接平衡负载	3	3	3											
Y 接平衡负载	3	3	3											
Y_O接不平衡负载	1	2	3											
Y 接不平衡负载	1	2	3											
Y_O接 B 相断开	1		3											
Y 接 B 相断开	1		3											
Y 接 B 相短路	1		3											

2. 负载三角形连接(三相三线制供电)

按图 4-18-2 改接线路，经指导教师检查合格后接通三相电源，并调节调压器，使其输出线电压为 220 V，并按表 4-18-2 的内容进行测试。

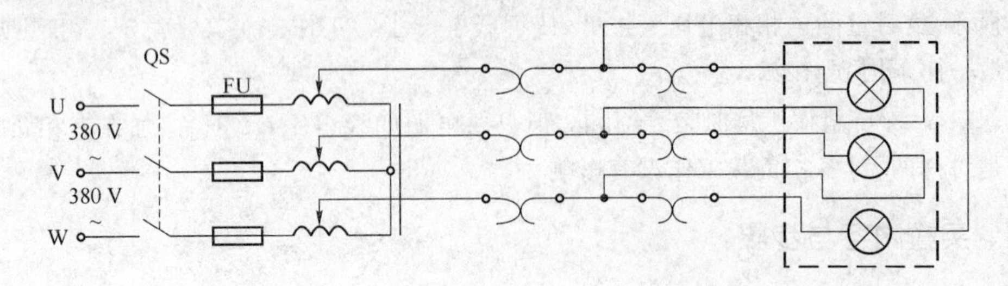

图 4-18-2 负载三角形连接实验线路图

表 4-18-2

测量数据	开灯盏数			线电压＝相电压/V			线电流/A			相电流/A		
负载情况	A－B 相	B－C 相	C－A 相	U_{AB}	U_{BC}	U_{CA}	I_A	I_B	I_C	I_{AB}	I_{BC}	I_{CA}
三相平衡	3	3	3									
三相不平衡	1	2	3									

六、注意事项

1. 本实验采用三相交流市电，线电压为 380 V，应穿绝缘鞋进实验室。实验时要注意人身安全，不可触及导电部件，防止意外事故发生。

2. 每次接线完毕，同组同学应自查一遍，然后由指导教师检查后，方可接通电源，必须严格遵守先断电、再接线、后通电；先断电、后拆线的实验操作原则。

3. 星形负载作短路实验时，必须首先断开中线，以免发生短路事故。

4. 为避免烧坏灯泡，DG08 实验挂箱内设有过压保护装置。当任一相电压大于 245～250 V时，即声光报警并跳闸。因此，在做 Y 接不平衡负载或缺相实验时，所加线电压应以最高相电压小于 240 V 为宜。

七、实验报告要求

1. 用实验测得的数据验证对称三相电路中的$\sqrt{3}$关系。

2. 用实验数据和观察到的现象，总结三相四线供电系统中中线的作用。

3. 不对称三角形连接的负载，能否正常工作？实验是否能证明这一点？

4. 根据不对称负载三角形连接时的相电流值作相量图，并求出线电流值，然后与实验测得的线电流作比较，分析之。

5. 心得体会及其他。

八、问题

1. 三相负载根据什么条件作星形或三角形连接？

2. 复习三相交流电路有关内容，试分析三相星形连接不对称负载在无中线的情况下，当某相负载开路或短路时会出现什么情况？如果接上中线，情况又如何？

3. 本次实验中为什么要通过三相调压器将 380 V 的市电线电压降为 220 V 的线电压使用？

实验十九　三相电路功率的测量

一、实验目的

1. 熟悉功率表的正确使用方法。
2. 掌握三相电路中有功功率的各种测量方法。
3. 学习测量三相对称电路无功功率的方法。

二、预习要求

1. 复习理论部分相关内容。
2. 了解三相电路中有功功率。

三、实验仪器与设备

序号	名称	型号与规格	数量	备注
1	交流电压表	0～500 V	2	
2	交流电流表	0～5 A	2	
3	单相功率表		2	
4	万用表		1	
5	三相自耦调压器		1	
6	三相灯组负载	220 V,15 W 白炽灯	9	
7	三相电容负载	1 μF,2.2 μF,4.7 μF/500 V	各 3	

四、实验原理与说明

1. 一瓦法

一瓦法必须是三相四线制电路,负载为星形连接,要求严格对称,在任意一相上接一只功率表,测量该相的功率为 $P=3P_1$。接线方式如图 4-19-1 所示。

2. 二瓦法

二瓦法必须是三相三线制电路,负载无要求,可以为星形连接或三角形连接,可以对称或不对称,测量 2 次的功率读数为 P_1 和 P_2,则总功率为 $P=P_1+P_2$。二瓦法有 3 种接线方式,如图 4-19-2 所示。

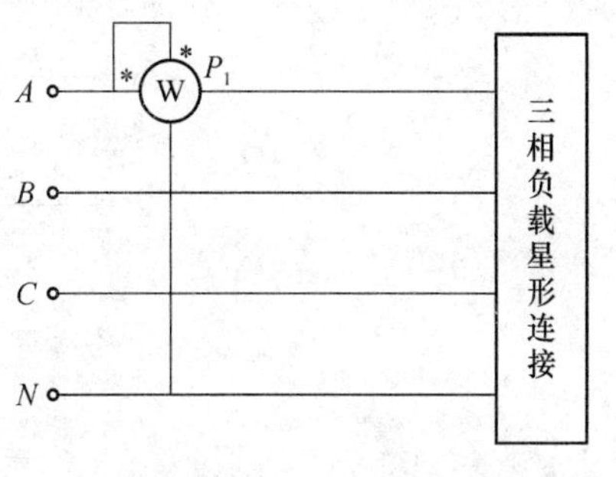

图 4-19-1　一瓦法的接线方式

现以接法 1 为例证明 2 个功率表的读数之和等于三相电路总功率。

瞬时功率:$P_1=u_{AB}i_A=(u_A-u_B)i_A$

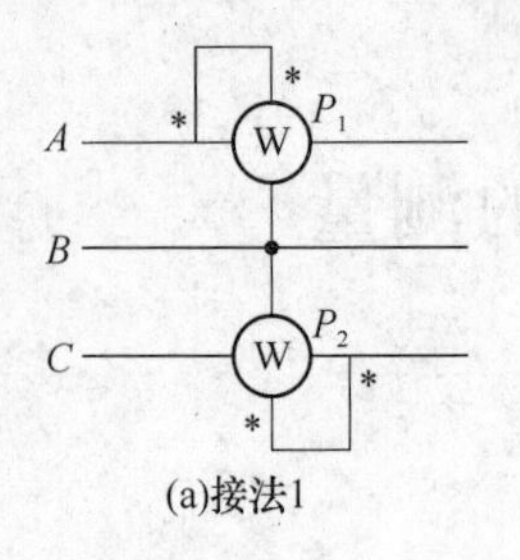

(a)接法1

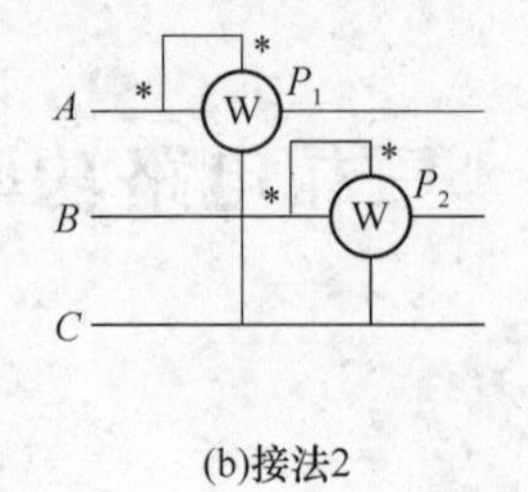

(b)接法2

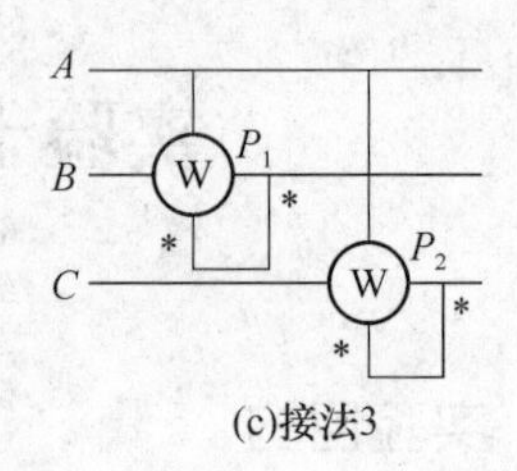

(c)接法3

图 4-19-2　二瓦法的接线方式

$$P_2 = u_{BC} i_A = (u_C - u_B) i_C$$

$$P_1 + P_2 = u_A i_A + u_C i_C - u_B (i_A + i_C)$$

由于在三相三线制中

$$i_A + i_B + i_C = 0$$

所以

$$-(i_A + i_C) = i_B$$

于是

$$P = P_1 + P_2 = u_A i_A + u_B i_B + u_C i_C$$

功率表读数为功率的平均值：

$$P = P_1 + P_2 = \frac{1}{T}\int_0^T (u_A i_A + u_B i_B + u_C i_C)\mathrm{d}t = P_A + P_B + P_C$$

以上 3 种接法中任一种接法测得两功率之和都等于三相电路的总功率。下面讨论几种特殊情况。

(1) $\varphi = 0°$时：$P_1 = P_2$，读数相等。

(2) $\varphi = \pm 60°$时：$\varphi = +60°$时，$P_1 = 0$；$\varphi = -60°$时，$P_2 = 0$。

(3) $|\varphi| > 60°$时：$\varphi > +60°$时，$P_1 < 0$；$\varphi < -60°$时，$P_2 < 0$。

在第三种情况下，功率表不显示读数，但是指针来回偏转，这时应将电流线圈红黑两个端子对调，同时读数应记为负值。

3. 三瓦法

三瓦法适用于三相四线制电路，负载为星形连接，可以对称也可以不对称，每相接一只功率表测出每相功率，分别为 P_1、P_2 和 P_3，则总功率为 $P = P_1 + P_2 + P_3$，三瓦法的连线方式如图 4-19-3 所示。

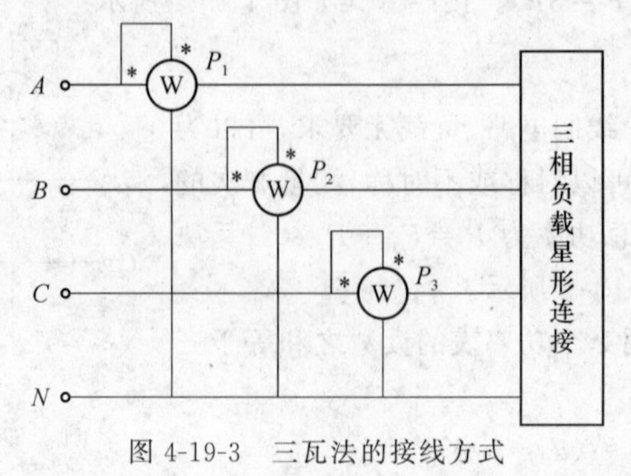

图 4-19-3　三瓦法的接线方式

五、实验内容与步骤

1. 一瓦表法测量三相四线制对称负载的有功功率，按图 4-19-1 连线，数据填入表 4-19-1 中。

表 4-19-1

测量值	一瓦法	二瓦法	三瓦法
P_1			
P_2			
P_3			
P			

2. 二瓦表法测量三相三线制负载的有功功率，按图 4-19-2 连线，数据填入表 4-19-1 中。

3. 三瓦表法测量三线四线制不对称负载的有功功率，按图 4-19-3 连线，数据填入表 4-19-1中。

六、注意事项

1. 注意调压器从 0 V 逐渐调到 110 V，不可用 220 V。

2. 注意功率表的接线方法。

七、实验报告要求

1. 用实验数据计算三相交流电路的功率。

2. 计算结果与实验结果进行比较，说明误差原因。

八、问题

试利用向量图证明“二瓦法”的两功率表读数之和等于电路的总功率。

实验二十　负阻抗变换器的应用

一、实验目的

1. 熟悉 NIC 用在 *RLC* 串联二阶电路中脉冲方波响应的基本特性及实验测试方法。

2. 了解负阻振荡器概念。

二、预习要求

1. 复习理论部分的相关内容。

2. 了解负阻振荡器概念。

三、实验仪器与设备

序号	名称	型号与规格	数量	备注
1	直流稳压电源	0～30 V	1	
2	低频信号发生器		1	
3	直流数字电压表、毫安表	0～200 V,0～200 mA	各 1	
4	交流毫伏表	0～600 V	1	
5	双踪示波器		1	
6	可变电阻箱	0～9 999.9 Ω	1	
7	电容器	0.1 μF	1	
8	线性电感	100 mH	1	
9	电阻器	200 Ω,1 kΩ		
10	负阻抗变换器实验电路板			

四、实验原理与说明

由电路理论可知 RLC 串联电路在脉冲方波激励下的零状态响应及脉冲方波截止时的零输入响应的性质完全由电路本身的参数来决定,在一般情况下只有 3 种响应性质:

非振荡过阻尼状态　$R_S>2\sqrt{\frac{L}{C}}$

临界阻尼状态　$R_S=2\sqrt{\frac{L}{C}}$

欠阻尼减幅振荡状态　$R_S<2\sqrt{\frac{L}{C}}$

式中 R_S 为串联电路总电阻。

如果在 RLC 串联电路中再接入一个负电阻,则调节负阻的大小,还可以使电路响应出现下面的两种状态:

零阻尼等幅振荡状态　$R'_S=R_S+(-R)=0$

负阻尼增幅振荡状态　$R'_S<0$

负阻抗变换器原理如图 4-20-1 所示,B、E 右边为 RLC 串联二阶电路,左边是负电阻与方波信号源串联电路,$-R$ 也可看成方波信号源的负值内阻,如将 R 两端电压降连接到示波器输入端,当调节 $-R$ 为不同值时就可观察到各种性质振荡电流波形。如果 $-R$ 数值大于 R_S,并将 U_S 去掉后用导线短路,则整个电路在负阻作用下将产生稳定的等幅振荡,振荡频率由 L、C 参数决定,幅度由 $-R$ 大小决定,这就是负阻振荡器基本原理。

五、实验内容与步骤

1. 按图 4-20-2 所示线路接线,图中 U_S 为直流电压源,R_S 为负阻调节电阻,可在 500 Ω 左右调节,E_S 为 50 Hz 电子开关,L 为互感器一次侧线圈,A、B 两点左边可等效为一个可变负阻器。

2. 调节负阻值,使 RLC 二阶电路产生各种性质的电流振荡过程并描绘出振荡曲线。

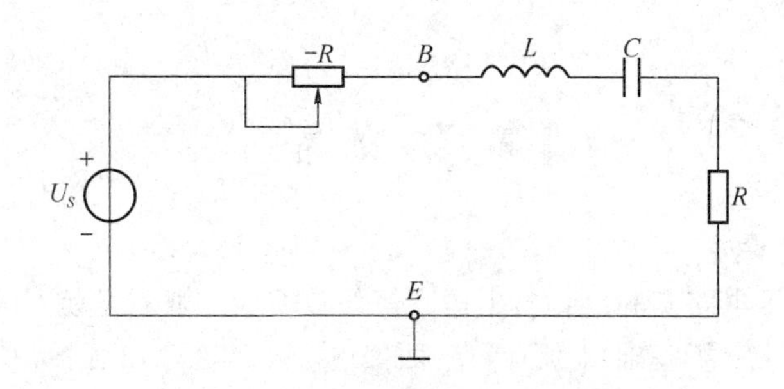

图 4-20-1　负阻抗变换器原理图

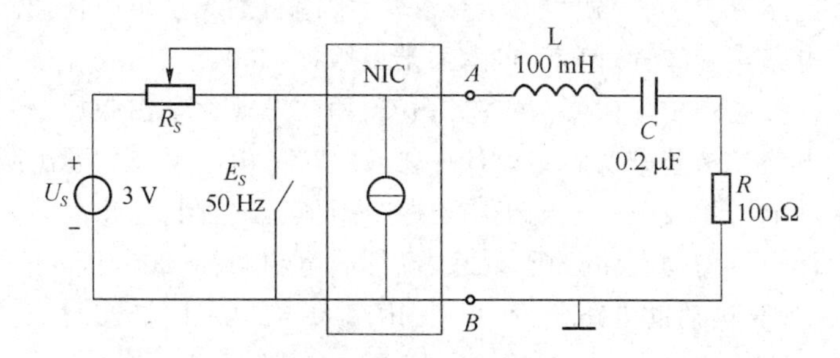

图 4-20-2　负阻抗变换器实验线路图

3. 调节稳压源为 3 V，极性如图 4-20-2 所示，不能接反，否则方波不起作用。根据串联 RLC 回路总电阻值调节 R_S 使大致相等，这时可在示波器上观察到回路振荡电流波形，再细调 R_S 使波形稳定且根据 R_S 的差值大小显示各种性质的振荡波形。当 E_S 闭合时电路产生零输入响应，零输入响应因无负阻串入，所以只有减幅振荡。为了使显示波形稳定，必须使两种响应完全分离，即零输入响应结束时才加入激励，零输入响应结束时电子开关 E_S 才闭合，图 4-20-2中所示参数能够达到这一要求。

应注意的一点是负阻不要超过“正阻”过大，否则振荡幅度增加过快，负阻抗变换器很快达到最大电压而饱和，这样就观察不到增幅过程。

另外，如果负阻超过“正阻”过大，而未接电子开关，则在示波器上只能看到饱和幅度的等幅振荡。

六、注意事项

1. 正确连线。
2. 负阻不要超过“正阻”过大。

七、实验报告要求

1. 用实验数据验证 NIC 用在 RLC 串联二阶电路中脉冲方波响应的基本特性。
2. 计算结果与实验结果进行比较，说明误差原因。

参考文献

[1] 张玉峰.电子电路实验.西安:中国人民解放军西安通信学院,2002.
[2] 张永瑞.电路分析基础.4版.西安:西安电子科技大学出版社,2013.
[3] 韦宏利.电路分析实验.2版.西安:西北工业大学出版社,2008.
[4] 王艳松.电路分析实验与学习指导.东营:中国石油大学出版社,2007.
[5] 陈晓平.电路实验教程.南京:东南大学出版社,2001.
[6] 徐瑞萍.模拟电子技术仿真与实验.西安:西北工业大学出版社,2007.
[7] 黄品高.电路分析基础实验·设计·仿真.成都:电子科技大学出版社,2008.
[8] 林宇.基础电子学实验——电工与电路分析实验.兰州:兰州大学出版社,2007.
[9] 付志红.计算机辅助电路分析.北京:高等教育出版社,2007.
[10] 云昌钦.计算机辅助电路分析.济南:山东大学出版社,2005.